WTB

BAND 69

Jean Kuntzmann

Unendliche Reihen

Mathematische Hilfsmittel der Physik und Chemie

Mit 94 Übungen, 29 Aufgaben und 25 Abbildungen

AKADEMIE-VERLAG · BERLIN

PERGAMON PRESS · OXFORD

VIEWEG + SOHN · BRAUNSCHWEIG

Reihe MATHEMATIK UND PHYSIK

Herausgeber:
Prof. Dr. rer. nat. habil. G. Heber, Dresden
Prof. Dr. phil. habil. W. Holzmüller, Leipzig
Prof. Dr. phil. habil. A. Lösche, Leipzig
Prof. Dr. phil. habil. H. Reichardt, Berlin
Prof. Dr. phil. habil. J. Schintlmeister, Dresden
Prof. Dr. phil. habil. K. Schröder, Berlin
Prof. Dr. phil. habil. K. Schröter, Berlin
Prof. Dr. rer. nat. habil. H.-J. Treder, Potsdam

Verantwortlicher Herausgeber dieses Bandes:
Prof. Dr. G. Heber

Verfasser:
Prof. Dr. Jean Kuntzmann, Grenoble

Deutsche Bearbeitung:
Prof. Dr. Ferdinand Cap und Mitarbeiter, Innsbruck

Titel der Originalausgabe:
Séries

1971

Lizenznummer: 202 · 100/553/70
Herstellung: VEB Druckhaus „Maxim Gorki", 74 Altenburg
Bestellnummer: Akademie-Verlag 7069 · EDV 761 359 2
Pergamon Press 08 017 559 7
Vieweg + Sohn 6069
Printed in German Democratic Republic

Vorwort

Der Leser, der unser Buch *Techniques mathématiques de la physique* kennt, wird im vorliegenden Werk eine vertraute Welt wiederfinden.

Für die übrigen Leser wollen wir unsere Gedanken über die Darstellung der Mathematik zum Gebrauch für Physiker und Chemiker nochmals darlegen.

Für diese ist die Mathematik ein Hilfsmittel, das sie kennen und richtig anwenden lernen müssen. Dieser Leitgedanke unterscheidet das Buch von manchen mathematischen Werken, die für Mathematiker geschrieben sind, und in denen die Mathematik um ihrer selbst willen behandelt wird.

Zwischen den bis ins kleinste verfeinerten Begriffen und den allgemeinen Problemen, denen sich der Mathematiker vom klassischen Stil widmet, und den Begriffen und Problemen, die der Praktiker benötigt, liegt in Wirklichkeit ein tiefer Abgrund. Wir bedauern dies und hoffen, daß die Entwicklung der angewandten Mathematik schließlich die Mathematiker wieder zu einer ausgewogeneren Beurteilung ihrer Disziplin führen wird. Wir sind persönlich davon überzeugt, daß die angewandte Mathematik ebensoviel oder noch mehr Gelegenheit bietet, richtig denken zu lernen, wie auf der Ebene der Abstraktion Gelegenheit hierzu vorhanden ist.

Unser Standpunkt trennt uns aber auch von solchen von Praktikern geschriebenen Werken, in denen die Leitgedanken zu oft der sofortigen Anwendung geopfert werden. Wirksamkeit auf lange Sicht verlangt oft ein wenig interessantes Studium der notwendigen Hilfsmittel.

Seit dem Erscheinen unseres vorausgehenden Buches hat der Unterricht in den Mittelschulen eine erfreuliche Entwicklung durchlaufen, wenn auch einige Fehlleistungen wieder gut gemacht werden müssen. Aber auch das höhere Studium bedarf einer Reform.

Das umfangreiche Werk wurde in mehrere Bände unterteilt.

Der vorliegende Band ist der mathematischen Ausbildung im zweiten Jahre des ersten Studienabschnittes gewidmet. Wir haben versucht, den Studenten, von denen viele in diesem Studienabschnitt bereits ihre mathematischen Studien beenden, ein Wissensgut als kohärentes Ganzes zu übermitteln, indem wir den darzustellenden Stoff von Grund auf behandelt haben. Wo es anging, haben wir auf ein höheres Studium verwiesen. Daraus ergibt sich, daß das Niveau dieses Werkes im allgemeinen niedriger ist als das seines Vorgängers *Techniques mathématiques de la physique.*

Der vorliegende Band enthält genügend theoretischen Unterbau. Eine vollständige mathematische Darstellung würde viel mehr Platz benötigen, als uns zur Verfügung stand, und vom Leser unnötige Anstrengungen verlangen, um so mehr, als er den Problemen, die es aufzuzeigen gälte, in der praktischen Anwendung der Theorie nicht begegnet. Wir sind den Schwierigkeiten dadurch aus dem Weg gegangen, daß wir nicht Theoreme, sondern Regeln für die Praxis formuliert haben. Ein Ausdruck wie „man kann annehmen, daß“ bedeutet, daß sich die darauffolgenden Eigenschaften, ohne im mathematischen Sinn bewiesen zu sein, in allen Situationen, denen ein Physiker begegnet, als vorhanden erweisen.

Wir verwenden eine jetzt in der „modernen“ Mathematik gebräuchliche Sprache, sofern sich dies als nützlich erweist. Wir befinden uns in einer Periode, wo diese Bezeichnungen, nachdem sie ihr „Bürgerrecht“ erworben haben, ihren rechten Platz an der Seite anderer und älterer Vereinbarungen finden sollten. Wir haben dort, wo uns die Sprache unklar und verbesserungsfähig erschienen ist, einige Neuerungen aufgenommen. Einige Ausführungen zu diesem Punkt findet man unmittelbar im Anschluß an das Vorwort. Einige Ausdrücke wurden auch aus den Programmiersprachen wie ALGOL entliehen.

Zu Beginn jedes Kapitels findet man eine Übersicht über dessen Inhalt. Daneben ist angegeben, welche Kenntnisse vorausgesetzt werden.

Das Buch enthält Übungen und Aufgaben. Die Übungen wurden eingestreut und sollen dem Studierenden das Erlernen des eben Gelesenen erleichtern. Es handelt sich dabei entweder um unmittelbare Anwendungen oder um Fragen, die der Student nach der Lektüre des Textes sich selber stellen sollte. Viele davon sind bereits in dem Buch *Techniques mathématiques de la physique* enthalten.

Die Aufgaben am Schluß des jeweiligen Abschnittes sind länger und schwieriger. Zum Teil werden zu ihrer Lösung Ergebnisse aus früheren Kapiteln benötigt. Dadurch kann sich der Studierende vergewissern, ob er die bereits erworbenen Ergebnisse wohl zur Verfügung hat.

Der Autor schuldet den Mitgliedern der Abteilung für angewandte Mathematik der Naturwissenschaftlichen Fakultät von Grenoble großen Dank. Insbesondere entstammen die Aufgaben dem Bestand an Übungsaufgaben, die von Assistenten und Lehrbeauftragten im Laufe der letzten zwanzig Jahre gesammelt wurden.

Inhaltsverzeichnis

Bezeichnungen

Wir verwenden in diesem Buch einige weniger verbreitete Bezeichnungen, die wir jedoch für günstig halten. Allein die Erfahrung wird zeigen, ob es sich lohnt, diese Bezeichnungen beizubehalten.

Das Symbol $\overset{\text{def}}{=}$ dient zur Einführung der Definition eines neuen Begriffes. Das Symbol, das den zu definierenden Begriff darstellt, steht links davor. Die Definition wird rechts daneben gesetzt. Sie soll von einem Studenten verstanden werden können, wenn er den Stoff der vorausgesetzten Lektüre und die in diesem Buch bereits früher eingeführten Begriffe kennt.

Beispiel: $f'(x) \overset{\text{def}}{=} \lim_{h \to 0} \frac{f(x+h) - f(x)}{h}$.

Das Symbol $\overset{\text{def}}{=}$ wird nur für Definitionen verwendet, die von bleibendem Interesse sind.

Das aus der Programmiersprache ALGOL entliehene Symbol $:=$ dient zur Festlegung eines Namens, den man zu verwenden beabsichtigt. Der Name wird links davor geschrieben. Er soll als unteilbares Ganzes betrachtet werden. Die Bedeutung, die dem Namen zuzuschreiben ist, steht rechts von dem Symbol. Die Bedeutung soll für den Leser klar sein.

Beispiel: $D := b^2 - 4ac$.

Derartige Bezeichnungen sind im allgemeinen auf die Untersuchungen beschränkt, in denen sie eingeführt wurden.

Das Symbol $:=$ dient auch zur Wertzuweisung an eine bereits eingeführte Variable.

Beispiel: Man setze $x := 0$.

Das Zeichen $=$ wird in allen übrigen Fällen verwendet, besonders zum Ausdruck der Gleichheit zweier Ausdrücke, in denen alle Terme definiert sind, sowie zur Aufstellung von Gleichungen.

Bezüglich der Quantoren halten wir uns an die folgenden Regeln: Die Quantoren beziehen sich stets auf die Elemente von Mengen, die von übergeordnetem Interesse sind (am häufigsten sind dies die Mengen $\boldsymbol{N}$, $\boldsymbol{Z}$, $\boldsymbol{Q}$, $\boldsymbol{R}$, $\boldsymbol{C}$). Auf einen Quantor, oder auf mehrere Quantoren, folgt ein Klammerpaar, das den logischen Ausdruck enthält, auf den der Quantor sich bezieht (dieser Ausdruck darf selbst wieder einen Quantor enthalten).

Klammern dienen meist diesen, in einigen Ausnahmefällen auch anderen Zwecken.

Beispiel: Die Existenz eines Nachfolgers in $\boldsymbol{N}$ drückt man so aus: $\forall x[x \neq 0 \Rightarrow \exists y[y < x]]$. Zur Deutung dieser Schreibweise erinnere man sich, daß eine Implikation mit falscher Prämisse stets wahr ist.

$$x \neq 0 \Rightarrow \exists y[y < x]$$

ist also wahr
für $x := 0$, weil die Prämisse falsch ist,
für $x \neq 0$, da man $y := 0$ oder $y := x - 1$ setzen kann.

In $\boldsymbol{R}$ definiert man die Stetigkeit in x_0 durch

$$\varepsilon \in \boldsymbol{R}^+, \qquad \eta \in \boldsymbol{R}^+,$$

$$\forall \varepsilon \exists \eta \forall x[|x - x_0| < \eta \Rightarrow |f(x) - f(x_0)| < \varepsilon].$$

Schreibweisen wie

$$\forall x \in \boldsymbol{R}, \qquad x^2 \geqq 0,$$

welche die Aufmerksamkeit auf mehrere Mittelpunkte des Interesses zerstreuen und die Universalität des Quantors $\forall$ verletzen, sind zu vermeiden. Wir ziehen eine der beiden folgenden Schreibweisen vor:

In $\boldsymbol{R}$ gilt

$$\forall\, x[x^2 \geqq 0].$$

In $\boldsymbol{C}$ gilt

$$\forall\, x[x \in \boldsymbol{R} \Rightarrow x^2 \geqq 0].$$

Man bemängelt öfters an Studierenden, daß sie mathematische Symbole außerhalb der mathematischen Formeln benutzen. Das ist tatsächlich ein Sprachmißbrauch. Man wehre sich mit Recht gegen Formulierungen wie

Ich + Er > als Du.

Im Gegensatz dazu halten wir es manchmal besonders bei logischen Ausdrücken für bequem, sorgsam ausgewählte Worte der Umgangssprache zu verwenden. Dies gestattet es oft, schwerfällige und unklare Formulierungen zu vermeiden. Wir finden es zum Beispiel bequem zu schreiben:

In der Menge der über dem Intervall $[a, b]$ definierten Funktionen f gilt

$$f \text{ stetig} \Rightarrow f \text{ integrierbar}.$$

Eine vollständige Formulierung wäre hier möglich, jedoch sicher weniger klar.

Für eine Abbildung schreiben wir

$$y \stackrel{f}{\longleftarrow\!|}\, x,$$

d. h., wir schreiben die Beziehung von rechts nach links und nicht umgekehrt. Man erkennt, daß dabei die Reihenfolge der Buchstaben in $y = f(x)$ berücksichtigt wird.

Dabei wird besonders die Anomalie in der Schreibweise

$$x \overset{f}{\leftarrow\!\!|}\; y \overset{g}{\leftarrow\!\!|}\; z \quad \text{und} \quad x \overset{g\circ f}{\leftarrow\!\!|}\; z$$

vermieden. Wir schreiben dafür viel natürlicher

$$z \overset{g}{\leftarrow\!\!|}\; y \overset{f}{\leftarrow\!\!|}\; x \quad \text{und} \quad z \overset{g\circ f}{\leftarrow\!\!|}\; x.$$

Die Buchstaben bleiben dabei in derselben Reihenfolge.

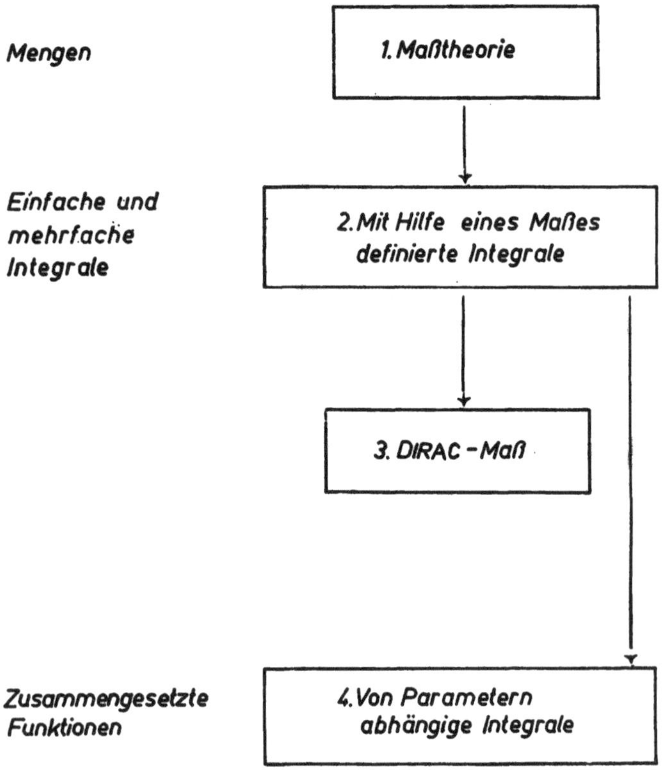
Mengen
1. Maßtheorie
Einfache und mehrfache Integrale
2. Mit Hilfe eines Maßes definierte Integrale
3. DIRAC - Maß
Zusammengesetzte Funktionen
4. Von Parametern abhängige Integrale

KAPITEL I

Ergänzungen zur Integrationstheorie

1. Maßtheorie

Die Maßtheorie ist eine sehr allgemeine Theorie, die sich in verschiedenen Teilgebieten der Mathematik als nützlich erweist (Integrationstheorie, Wahrscheinlichkeitstheorie).

1.1. Die Grundmenge

Wir verwenden stets eine Grundmenge $\boldsymbol{E}$, und zwar:

a) den Raum $\boldsymbol{R}^n$ ($n := 1, 2, 3$),

b) oder eine Teilmenge der Punkte des $\boldsymbol{R}^n$, deren Punkte der Beziehung

$$x_1^2 + x_2^2 + \cdots + x_n^2 \leqq K^2$$

genügen. Im zweiten Fall heißt die Grundmenge *beschränkt*.

1.2. Der Maßbegriff

Ein *Maß* ist eine nicht negative mit $\mu(P)$ bezeichnete Zahl, die man gewissen meßbar genannten Teilmengen P von $\boldsymbol{E}$ zuordnet, so daß die folgenden Eigenschaften gelten:

a) $$\mu(\emptyset) = 0.$$

b) Wenn P_1 und P_2 meßbar sind:

$$P_1 \supseteq P_2 \Rightarrow \mu(P_1) \geqq \mu(P_2) \qquad \text{(Monotonie).}$$

c) Wenn P_1 und P_2 disjunkt sind und wenn P_1, P_2, $P_1 \cup P_2$ meßbar sind:

$$\mu(P_1) + \mu(P_2) = \mu(P_1 \cup P_2) \qquad \text{(Additivität).}$$

d) Für die Mengen P_i gelte

$$P_1 \subseteq P_2 \subseteq \ldots \subseteq P_i \subseteq \ldots$$

Mit

$$P := \lim_{i\to\infty} P_i$$

sei die *Vereinigung* der Mengen P_α bezeichnet.

Für die Mengen P_i gelte

$$P_1 \supseteq P_2 \supseteq \ldots \supseteq P_i \supseteq \ldots.$$

Man bezeichnet dann mit

$$P := \lim_{i\to\infty} P_i$$

den *Durchschnitt* aller Mengen P_α.

In beiden Fällen soll für meßbare P_i und P gelten

$$\mu(P) = \lim_{i\to\infty} \mu(P_i) \qquad \text{(Stetigkeit).}$$

Wenn E selber meßbar ist, so heißt das Maß *beschränkt*.

Eine tiefer gehende Studie des abstrakten Begriffes des Maßes würde uns hier zu weit führen. Wir bemerken nur noch, daß die angeführten Bedingungen den intuitiven Vorstellungen von einem Maß entsprechen.

Es folgen einige Folgerungen aus den obigen Eigenschaften.

Wenn $K := \mu(E)$, so gilt

$$\mu(P) \leq K$$

auf Grund der Monotonieeigenschaft.

Es sei $Q_1, Q_2, \ldots, Q_n, \ldots$ eine Folge von paarweise disjunkten Mengen und $Q := \bigcup_i Q_i$, so gilt

$$\mu(Q) = \lim_{n \to \infty} \left(\mu(Q_1) + \mu(Q_2) + \cdots + \mu(Q_n)\right).$$

Diese unmittelbar aus der Additivität und Stetigkeit folgende Eigenschaft heißt *abzählbare Additivität.*

1.3. Die Familie der meßbaren Teilmengen

Wir müssen nun präzisieren, für welche Teilmengen der Grundmenge dieses Maß definiert ist. Wir behandeln nur den Fall eines beschränkten Maßes. Die Mathematiker haben bewiesen, daß es nicht meßbare Mengen gibt, diese liegen aber weit abseits von den Begriffen, mit denen es der Physiker in seiner täglichen Arbeit zu tun hat. Wir geben daher die folgende

Regel für die Praxis: *Im Falle eines beschränkten Maßes darf jede aus der Lösung eines physikalischen Problems stammende Menge als meßbar vorausgesetzt werden.*

Der Maßbegriff ist übrigens uninteressant, wenn die Familie der meßbaren Teilmengen zu arm ist. Zur sinnvollen Verwendung dieses Begriffes stellen wir daher die folgenden zwei Bedingungen:

a) Der Durchschnitt zweier meßbarer Mengen ist wieder meßbar.

b) P sei eine beschränkte (d. h. in einer entsprechend großen Kugel enthaltene) meßbare Menge, π sei eine Zerlegung von P:
$\forall \varepsilon \exists \pi [\varepsilon > 0 \Rightarrow \pi$ besteht aus einer endlichen Anzahl von meßbaren Teilmengen, deren Durchmesser höchstens ε beträgt.

(Der Durchmesser einer Menge ist die obere Schranke der Abstände zweier ihrer Punkte.)

1.4. Beispiele für Maße

a) Nehmen wir für E das Innere einer Kugel vom Radius R. Das Volumen einer ganz in E liegenden Menge P ist ein Maß.

b) In derselben Menge E betrachten wir eine Fläche S. Der Flächeninhalt des zu P gehörenden Teiles dieser Fläche ist ein Maß.

c) In derselben Kugel betrachten wir die Menge der Punkte, deren drei Koordinaten ganzzahlig sind. Die Anzahl solcher Punkte, die in P liegen, ist ein Maß.

d) Wenn man für jede Teilmenge P von E

$$\mu(P) := 0$$

setzt, so erhält man ebenfalls ein Maß.

2.1. Definition eines Maßes mittels einer Massenverteilung

Eine allgemeine Methode zur Definition eines Maßes besteht in der Angabe einer Massenverteilung. Die Massenverteilung kann räumlich oder flächenhaft, längs Kurven oder durch Konzentration in einzelnen Punkten erfolgen. Als Maß dient die Menge der in einer Teilmenge P enthaltenen Masse.

Übung 1. Man ersetze die Masse durch elektrische Ladung. Erhält man dann auch ein Maß?

Übung 2. Man verteile die Masse so, daß im Inneren einer Kugel um 0 gleichförmige Dichte herrscht. Man ordne einer Teilmenge P ihr Trägheitsmoment bezüglich einer durch 0 gehenden Achse zu. Erhält man dadurch ein Maß?

2.2. Eigenschaften des Maßes

Offensichtlich gilt:

Das Produkt eines Maßes mit einer *nicht negativen* Zahl ist wieder ein Maß.

Die Summe zweier für dieselbe Familie von Teilmengen definierten Maße ist ebenfalls ein Maß für diese Familie. Speziell kann man Maße betrachten, die zu verschiedenartigen Massenverteilungen gehören. Zum Beispiel könnte man die Summe zweier Maße mit Hilfe eines dünnen Bleches, das durch metallische Streben verstärkt wird, erklären, und zwar das erste Maß durch die Oberflächenmasse des Bleches, das zweite Maß durch die Masse der Streben (als Linien betrachtet).

Übung 3. Ist eine Linearkombination zweier Maße wieder ein Maß?

2.3. Durch eine Bijektion definiertes Maß

E sei eine Menge, φ eine Bijektion (s. unter 2.4) von E auf eine mit einem Maß μ versehene Menge F.

P sei eine Teilmenge von E. Wenn $\varphi(P)$ meßbar ist, so setze man

$$\varrho(P) \overset{\text{def}}{=} \mu[\varphi(P)].$$

Dadurch wird ein Maß auf E definiert. Man verifiziert leicht, daß die Bedingungen a), b), c), d) von 1.2 erfüllt sind.

Übung 4. Man gebe den Beweis für die vorangehende Behauptung.

2.4. Beispiel

S sei eine Fläche des dreidimensionalen Raumes, die von jeder Parallelen zur z-Achse in höchstens einem Punkt geschnitten werde. Σ sei die Projektion von S auf die xy-Ebene. Die Abbildung, die jedem Punkt von S seine Projektion in der xy-Ebene zuordnet, ist eine Bijektion. Umgekehrt induziert der Flächeninhalt in Σ ein Maß in S.

3.1. Produkt zweier Maße

Wir betrachten zwei Mengen: E_1 mit dem Maß μ_1 und E_2 mit dem Maß μ_2.

Die Produktmenge

$$E := E_1 \times E_2$$

ist die Menge der Paare (e_1, e_2), $e_1 \in E_1$, $e_2 \in E_2$. Auf den Teilmengen dieser Menge definieren wir ein Maß auf die folgende Weise:

Für eine Teilmenge P von E, für deren Paare gilt (e_1, e_2), $e_1 \in P_1$, $e_2 \in P_2$, P_1 und P_2 meßbar, sei das Maß $\mu(P) = \mu_1(P_1)\mu_2(P_2)$.

Die obigen Teilmengen P sind sehr spezieller Form, wendet man die entsprechenden Eigenschaften auf disjunkte Teilmengen an und geht zum Limes über, so erhält man einen Maßbegriff auch für ganz allgemeine Teilmengen.

Wir bezeichnen dieses Maß mit $\mu_1 \times \mu_2$.

3.2. Beispiel

Betrachten wir das Intervall $[0, 1]$ auf der x-Achse und das Intervall $[0, 1]$ auf der y-Achse, versehen mit der Intervallänge als Maß (Abb. 1).

Das Produktmaß in der xy-Ebene kann als Flächeninhalt der Rechtecke mit achsenparallelen Seiten, die im Quadrat $x \in [0, 1]$, $y \in [0,1]$ enthalten sind, betrachtet werden.

Durch Übertragung dieses Flächenmaßes auf disjunkte Rechtecke und Betrachtung von Grenzübergängen erhält

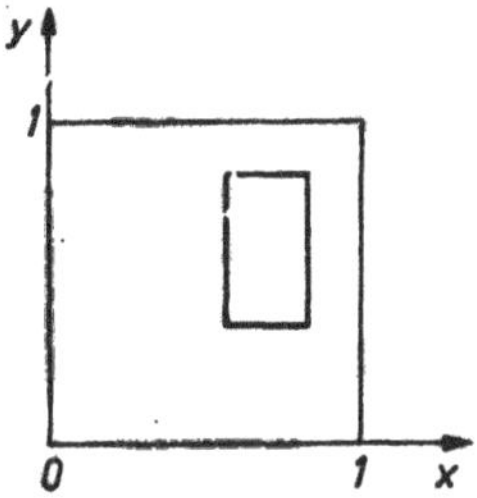

Abb. 1

man daraus ein Maß für weit allgemeinere Teilbereiche des Quadrates, zum Beispiel für einen durch einfache Kurven begrenzten Bereich.

Wir werden später auch das Produkt von weniger gebräuchlichen Maßen benötigen.

2. Mit Hilfe eines Maßes definierte Integrale

4.1. Bemerkungen zum klassischen Integralbegriff

Wir erinnern vorerst an den fundamentalen Begriff der RIEMANNschen Summe (Abb. 2):

$$\sum_i f(\xi_i)(x_i - x_{i-1}), \qquad \xi_i \in [x_{i-1}, x_i].$$

Der Ausdruck $x_i - x_{i-1}$ ist nichts anderes als ein Maß (Länge) des Segmentes $[x_{i-1}, x_i]$.

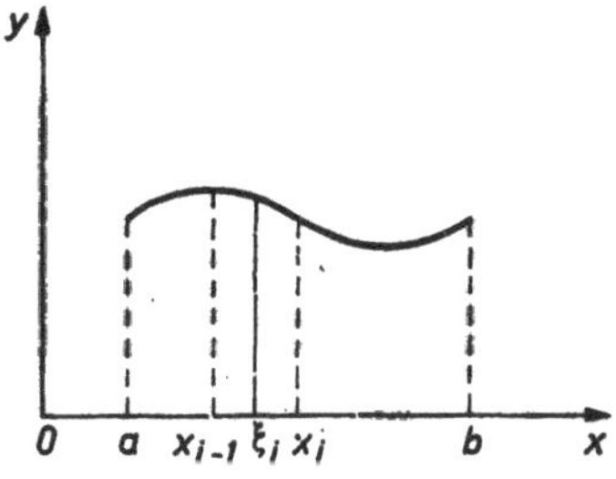

Abb. 2

4.2. Grundsumme bezüglich eines Maßes

Wir betrachten eine Funktion f mit Werten in $\boldsymbol{R}$, die auf einer Teilmenge P definiert und dort beschränkt sei. Auf P sei das Maß μ definiert. P werde in eine endliche Zahl disjunkter meßbarer Teilmengen P_i unterteilt (Abb. 3).

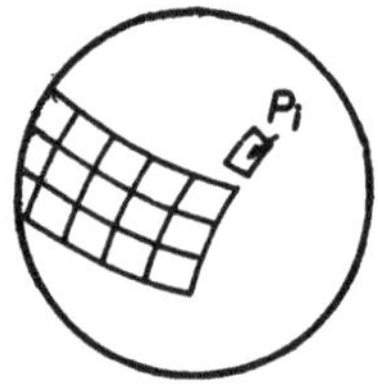

Abb. 3

f_i sei eine Zahl, die zwischen der oberen und der unteren Grenze von f auf P_i liegt. Wir bilden

$$\sum_i f_i \mu(P_i).$$

Dieser Ausdruck heißt *Grundsumme bezüglich der Funktion f, dem Maß μ und der Menge P.*

4.3. Integrierbare Funktionen

Eine Funktion heißt *integrierbar* in P bezüglich des Maßes μ, wenn die Grundsumme gegen einen Grenzwert strebt, unabhängig davon, wie man die obere Schranke der Durchmesser der P_i gegen Null gehen läßt. Den Grenzwert der Grundsumme bezeichnet man mit

$$\boxed{\int_P f\, d\mu}$$

und nennt ihn *Integral von f in P bezüglich des Maßes* μ.

Verwendet man das Volumen, den Flächeninhalt oder die Länge eines Geradenstückes als Maße, so erhält man die Begriffe des dreifachen Integrals, des Doppelintegrals oder des einfachen Integrals.

4.4. *Beispiele*

a) Die Nullfunktion ist in jeder meßbaren Menge bezüglich jeden Maßes integrierbar. Ihr Integral ist Null.

b) Eine Konstante c ist in jeder meßbaren Menge P integrierbar. Ihr Integral ist $c \cdot \mu(P)$. (Jede Grundsumme hat diesen Wert.)

c) Betrachten wir nochmals das Beispiel aus 2.2. m sei das durch die Gesamtmasse (des Bleches und der Streben) definierte Maß. Das Trägheitsmoment des verstrebten Bleches bezüglich der z-Achse erhält man in

$$\int_{\text{Blech} + \text{Streben}} (x^2 + y^2)\, dm.$$

d) Man kann die Definition des Integrals auf den Fall erweitern, daß f nicht eine einzelne Funktion, sondern ein Vektor mit p Komponenten ist, wobei jede davon eine in P definierte Funktion darstellt.

Für das zum Beispiel von positiven Ladungen im Ursprung erzeugte elektrostatische Feld kann man schreiben

$$\mathfrak{E} = -\int_R \frac{\overrightarrow{OM}\, dq}{(OM)^3}.$$

Wenn $\mathfrak{J} = \int_P \mathfrak{V}\, d\mu$, so hat man offensichtlich

$$\mathrm{Proj}_{x'x} \mathfrak{J} = \int_P \mathrm{Proj}_{x'x} \mathfrak{V}\, d\mu.$$

e) Auf dieselbe Weise läßt sich die Definition auf den Fall übertragen, daß f eine Matrix aus p Zeilen und n Spalten darstellt, deren Komponenten in P definierte Funktionen sind.

Mit $M := \left\| \begin{matrix} a_{1,1} \cdots a_{1,n} \\ a_{p,1} \cdots a_{p,n} \end{matrix} \right\|$ gilt offensichtlich

$$\int_P M \, d\mu := \left\| \begin{matrix} \int_P a_{1,1} \, d\mu \cdots \int_P a_{1,n} \, d\mu \\ \int_P a_{p,1} \, d\mu \cdots \int_P a_{p,n} \, d\mu \end{matrix} \right\| .$$

Wir werden diese beiden Verallgemeinerungen nicht systematisch weiterverfolgen. Der Leser wird aber leicht jene Ergebnisse erkennen, die auch für diese Fälle ihre Gültigkeit behalten.

Auf dieselbe Weise läßt sich der Begriff des Integrals bezüglich eines Maßes auch auf den Fall verallgemeinern, daß f eine komplexe Funktion einer reellen Variablen bedeutet. Wir werden diesen Begriff in Kapitel II des Bandes „Komplexe Variable" weiter untersuchen.

Von diesen zahlreichen Beispielen wollen wir nur festhalten, daß man hier über eine flexible und für alle Bedürfnisse des Benutzers geeignete Schreibweise verfügt.

Übung 5. Man bestimme die Koordinaten des Schwerpunktes eines durch Streben verstärkten Bleches (2.2).

5.1. Bedingungen für die Existenz eines Integrals

Wir müssen noch angeben, unter welchen Bedingungen ein Integral existiert. Wir machen das in der Form einer

Regel für die Praxis: *In einer beschränkten Menge P sei ein beschränktes Maß definiert. Eine beschränkte Funktion darf als bezüglich des Maßes integrierbar* *betrachtet werden, wenn die Menge der Unstetigkeitspunkte in P das Maß 0 hat.*

Folgerung: Eine beschränkte und stetige Funktion darf in einer beschränkten Menge mit beschränktem Maß als integrierbar angesehen werden.

5.2. Ein Beispiel, das die Notwendigkeit der Einschränkung bezüglich der Unstetigkeiten zeigt

Die Funktion f (Abb. 4) sei

$$0 \text{ in } (-\infty, 0),\ 1 \text{ in } [0, \infty).$$

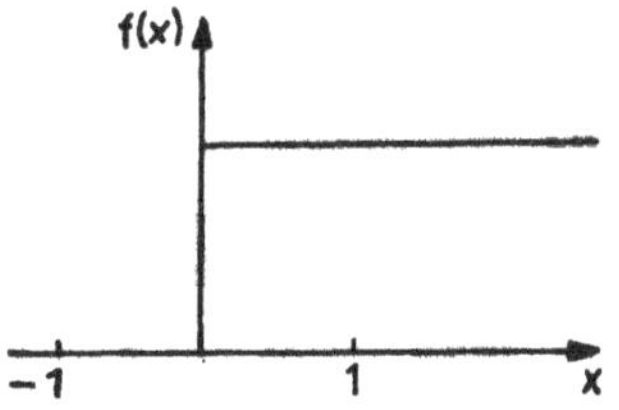

Abb. 4

Ein Maß μ sei durch eine im Nullpunkt konzentrierte Masse vom Betrag 1 definiert. Die Grundsumme bezüglich des Intervalles $[-1, 1]$ besteht aus einem einzigen von Null verschiedenen Term, der zu dem Teilintervall gehört, das die Null enthält. Sei dies das Intervall $[a, b]$ mit $a \neq 0, b \neq 0$. Dieser Term kann einen beliebigen Wert θ mit

$$0 \leqq \theta \leqq 1$$

annehmen. Eine derartige Größe hat keinen Grenzwert. Die Funktion ist daher nicht integrierbar.

Übung 6.

a) Die x-Achse trage die Massen $\frac{1}{2^n}$ in Punkten mit der Abszisse $\frac{1}{n}$, $n \in N - \{0\{$.

Ist die Funktion aus 5.2 im Intervall $[-1, 1]$ für dieses Maß integrierbar?

b) Was ändert sich, wenn man zusätzlich eine Masse vom Betrag 1 im Nullpunkt annimmt?

Übung 7. Auf dem Intervall $[0, 1]$ betrachte man die Funktion

$$f(x) := \begin{cases} 1, \text{ wenn } x \text{ rational und von der Form } \dfrac{a}{2^n} \text{ ist,} \\ 0 \text{ sonst.} \end{cases}$$

Die Länge diene als Maß. An welchen Punkten ist die Funktion unstetig? Ist die Funktion integrierbar?

6.1. Linearität bezüglich des Integranden

f und g seien zwei in derselben Menge P definierte Funktionen, α und β zwei Konstante. Wenn f und g bezüglich μ in P integrierbar sind, so auch $\alpha f + \beta g$, und es gilt

$$\int_P (\alpha f + \beta g)\, d\mu = \alpha \int_P f\, d\mu + \beta \int_P g\, d\mu .$$

Für dieselbe Unterteilung von P kann man stets

$$(\alpha f + \beta g)_i = \alpha f_i + \beta g_i$$

setzen. Das gibt folglich

$$\sum_i (\alpha f + \beta g)_i \mu(P_i) = \alpha \sum_i f_i \mu(P_i) + \beta \sum_i g_i \mu(P_i) .$$

Die rechte Gleichungsseite besitzt unabhängig von der Wahl der P_i und der f_i, g_i einen Grenzwert. Somit gilt das auch für den linken Ausdruck.

Übung 8. Die Funktionen f sollen einen Vektorraum über einem Körper k bilden und in P bezüglich μ integrierbar sein. Was kann man über ihre Integrale und über die Abbildung $\int_P f\,d\mu \leftarrow\!\mid f$ aussagen?

6.2. *Das Vorzeichen des Integrals einer positiven Funktion*

Wenn f in ganz P positiv oder Null ist, so gilt

$$\int_P f\,d\mu \geqq 0.$$

Es ist nämlich $\sum_i f_i \mu(P_i)$ positiv oder Null.

Bemerkung. Es handle sich um die Funktion x^2 über dem Intervall $[-1, 1]$. Das Maß sei durch die Masse 1 im Ursprung definiert. Also gilt

$$\int_{[-1,1]} x^2\,d\mu = 0.$$

Das Integral kann also null sein, ohne daß die Funktion überall verschwindet.

7.1. *Der Mittelwertsatz*

Aus dem vorhergehenden Paragraphen folgt aus $f \geqq g$

$$\int_P (f - g)\,d\mu \geqq 0$$

und daher

$$\int_P f\,d\mu \geqq \int_P g\,d\mu.$$

Speziell gilt, wenn m und M Konstante sind, mit

$$M \geqq f \geqq m$$

$$\boxed{M\mu(P) \geqq \int_P f\,d\mu \geqq m\mu(P)}$$

oder

$$\boxed{\int_P f\,d\mu = H\mu(P), \qquad M \geqq H \geqq m.}$$

Diese Beziehung nennt man *Mittelwertsatz.*

7.2. Die SCHWARZ*sche Ungleichung*

f und g seien zwei Funktionen, für die die unten stehenden Integrale existieren, k sei ein Parameter:

$$0 \leqq \int_P (f + kg)^2\,d\mu = \int_P f^2\,d\mu + 2k\int_P fg\,d\mu + k^2\int_P g^2\,d\mu.$$

Der rechts stehende Ausdruck in k kann nicht negativ werden. Seine Diskriminante ist daher nicht positiv, daraus folgt

$$\boxed{\left(\int_P fg\,d\mu\right)^2 \leqq \int_P f^2\,d\mu \int_P g^2\,d\mu.}$$

Diese Aussage heißt SCHWARZ*sche Ungleichung.*

Übung 9. Wie lautet die SCHWARZsche Ungleichung

a) für ein Maß μ, das mit Hilfe einer in einem Punkt konzentrierten Masse definiert wird?

b) für eine in drei Punkten konzentrierte Masse?

Übung 10. Wir betrachten die SCHWARZsche Ungleichung für zwei stetige Funktionen über dem Intervall $[a, b]$ und der Länge als Maß. Man zeige, daß das Gleichheitszeichen dann und nur dann gilt, wenn die Funktionen f und g zueinander proportional sind oder wenn eine der beiden Null ist.

7.3. Der Mittelwert

Unter dem *Mittelwert* einer Funktion f für das Maß μ auf einer Menge P, deren Maß von Null verschieden ist, versteht man den Ausdruck

$$V_{\text{mit}} \overset{\text{def}}{=} \frac{\int_P f\, d\mu}{\mu(P)}.$$

Dabei handelt es sich um eine Konstante, deren Integral über die gleiche Menge P denselben Wert ergibt wie die Funktion f, da gilt

$$\int_P V_{\text{mit}}\, d\mu = V_{\text{mit}}\ \mu(P).$$

7.4. Der Effektivwert

Unter dem *Effektivwert* einer Funktion f für das Maß μ auf einer Menge P, deren Maß von Null verschieden ist versteht man den Ausdruck

$$V_{\text{eff}} \overset{\text{def}}{=} \sqrt{\frac{\int_P f^2\, d\mu}{\mu(P)}}.$$

Das Integral über das Quadrat einer Konstanten, die gleich dem Effektivwert ist, ist gleich dem Integral über P des Quadrates der Funktion f. Es gilt ja

$$\int_P V_{\text{eff}}^2\, d\mu = V_{\text{eff}}^2\, \mu(P).$$

7.5. *Relation zwischen dem Mittelwert und dem Effektivwert*

Setzt man in der Schwarzschen Ungleichung $g := 1$, so erhält man

$$\left(\int\limits_P f\,d\mu\right)^2 \leqq \mu(P) \int\limits_P f^2\,d\mu\,.$$

Daraus schließt man auf

$$V_{\mathrm{eff}} \geqq |V_{\mathrm{mit}}|\,.$$

Übung 11. a) Man bestimme den Mittelwert für die Funktion $\sin \omega t$ (als Maß dient die Länge auf der t-Achse)

$$\text{für } \left[a, a + \frac{2\pi}{\omega}\right],$$

$$\text{für } \left[a, a + \frac{\pi}{\omega}\right],$$

$$\text{für } \left[a, a + \frac{\pi}{2\omega}\right].$$

b) Man verwende das Resultat, um die technische Aussage „Der Wechselstrom ist im Mittel Null" zu erläutern.

c) Man bestimme für dieselben Intervalle und dieselbe Funktion die Effektivwerte.

d) Ist der Ausdruck „effektive Stromstärke" vollständig erklärt?

Übung 12. a) Man zeige, daß der Mittelwert einer Summe gleich der Summe der Mittelwerte ist.

b) Man zeige, daß der Effektivwert einer Summe höchstens gleich der Summe der Effektivwerte ist.

Übung 13. f und g seien komplexe Funktionen, $\bar{f}$ und $\bar{g}$ die konjugiert komplexen Funktionen und k ein Parameter. Wie bei der SCHWARZschen Ungleichung untersuche man den folgenden Ausdruck:

$$\int_P (f + kg)(\bar{f} + k\bar{g})\, d\mu .$$

8.1. *Additivität bezüglich der Teilmengen*

f sei eine Funktion, μ ein Maß und P_1 und P_2 zwei disjunkte meßbare Mengen. Wenn die Funktion f auf $P_1 \cup P_2$ integrierbar ist, so gilt: *f ist integrierbar auf P_1 und P_2*. Wir beweisen diese Tatsache nicht (siehe Kapitel II, Aufgabe 1).

Darüber hinaus gilt

$$\int_{P_1 \cup P_2} f\, d\mu = \int_{P_1} f\, d\mu + \int_{P_2} f\, d\mu .$$

Zum Beweis betrachten wir eine Partition von $P_1 \cup P_2$, die aus einer Partition von P_1 und einer Partition von P_2 gebildet wird. Die Grundsummen, die den beiden Ausdrücken links und rechts entsprechen, sind gleich.

Übung 14. Ausgehend von dem Beispiel in 5.2 zeigt man, daß das Integral über P_1 und P_2 existieren kann, aber nicht über $P_1 \cup P_2$ existiert.

8.2. *Stetigkeit bezüglich der Teilmengen*

Für die beschränkten und meßbaren Teilmengen P_i gelte

$$P_1 \subseteq P_2 \subseteq \cdots \subseteq P_n \subseteq \cdots$$

mit $P := \lim_{n\to\infty} P_n$, P meßbar.

Es sei $|f| \leqq M$ in P. Wenn die Integrale $\int_{P_n} f\, d\mu$ (für alle n) und $\int_P f\,d\mu$ existieren, so gilt

$$\boxed{\lim_{n\to\infty} \int_{P_n} f\,d\mu = \int_P f\,d\mu.}$$

Mit $Q_n := P - P_n$ hat man nämlich

$$\int_P f\,d\mu - \int_{P_n} f\,d\mu = \int_{Q_n} f\,d\mu,$$

$$\left|\int_{Q_n} f\,d\mu\right| \leqq M\mu(Q_n)$$

und daher

$$\lim_{n\to\infty} \mu(Q_n) = 0.$$

Übung 15. Man beweise das analoge Ergebnis für eine Folge von abnehmenden Mengen.

9.1. *Additivität bezüglich des Maßes*

μ_1 und μ_2 seien zwei Maße, die für dieselbe Familie von Teilmengen definiert sind. Es sei weiterhin

$$\mu_3 := \mu_1 + \mu_2.$$

Wenn eine Funktion f in P bezüglich μ_1 und μ_2 integrierbar ist, so auch bezüglich μ_3, und es gilt

$$\int_P f\,d\mu_3 = \int_P f\,d\mu_1 + \int_P f\,d\mu_2.$$

Für jede Grundsumme bezüglich μ_3 erhält man nämlich

$$\sum_i f_i \mu_3(P_i),$$

was auch so geschrieben werden kann:

$$\sum_i f_i \mu_1(P_i) + \sum_i f_i \mu_2(P_i).$$

Die Gleichheit in der zu beweisenden Behauptung folgt daraus unmittelbar durch Grenzübergang.

Übung 16. Kann man ein ähnliches Resultat über Integrale bezüglich der Maße

$$\mu \text{ und } \mu_1 := C\mu, \qquad C \geqq 0,$$

formulieren?

9.2. *Ein Maß, das mit Hilfe eines Integrales über eine nicht negative Funktion definiert ist*

μ sei ein Maß und f eine nicht negative Funktion, bei der die Menge der Unstetigkeitspunkte das Maß Null besitzt.

Vergleicht man die Eigenschaften aus 6.2, 8.1, 8.2 und die Existenzbedingung 5.1 mit der Definition eines Maßes, so erkennt man, daß auch

$$\nu(P) = \int_P f\, d\mu$$

als Maß betrachtet werden darf.

Übung 17. Man zeige, daß das in 2.1 definierte Maß zu der obigen Kategorie gehört.

9.3. *Unendlich kleine Integrale*

Wir interessieren uns nun für den speziellen Fall, in dem die Funktion f stetig ist und in dem das Maß einer Menge P mit deren Durchmesser gegen Null strebt.

Unter diesen Voraussetzungen wird das Integral

$$\nu(P) = \int_P f\, d\mu$$

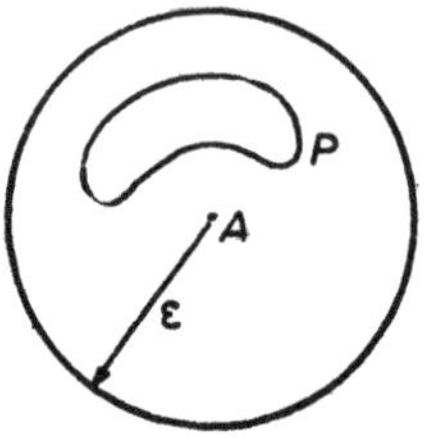

Abb. 5

über eine kleine Teilmenge P, deren Maß ungleich Null ist und die innerhalb eines Kreises mit dem Mittelpunkt A und dem Radius ε (Abb. 5) liegt, unendlich klein, wenn ε gegen Null geht, und

$$\int_P f \alpha\mu - f(A)\mu(P)$$

kann gegen $\mu(P)$ vernachlässigt werden.

Es gilt nämlich

$$f = f(A) + \big(f - f(A)\big),$$
$$\int_P f(A)\, d\mu = f(A)\mu(P)$$

und

$$\left|\int_P \big(f - f(A)\big)\, d\mu\right| \leqq \operatorname*{Sup}_P \; |f - f(A)|\,\mu(P).$$

Wegen der Stetigkeit von f strebt

$$\operatorname*{Sup}_P |f - f(A)|$$

mit ε gegen Null. Daher strebt

$$\frac{\nu(P)}{\mu(P)}$$

gegen $f(A)$, wenn ε gegen Null geht.

Übung 18. Man untersuche denselben Fall im dreidimensionalen Raum für $f := 1/2$, wenn $z \geqq 0$ und $f := 1$, wenn $z < 0$. Was kann man über $\dfrac{\nu(P)}{\mu(P)}$ aussagen? Kann man die P so wählen, daß dieser Ausdruck keinen Grenzwert besitzt? Daß er einen vorgegebenen Grenzwert besitzt?

9.4. *Die Reziprozitätsbeziehung*

$\mu(P)$ und $\nu(P)$ seien zwei für dieselbe Mengenfamilie definierte Maße. $\lambda(A)$ sei eine beschränkte und stetige Funktion, die der folgenden Bedingung genügt:

$$\forall A \forall \varepsilon \exists \eta \, [\varepsilon > 0 \text{ und } P' \subseteq C_{A,\eta} \Rightarrow |\mu(P') - \lambda(A)\nu(P')| \leqq \varepsilon\nu(P')].$$

Für jede Teilmenge P, die bezüglich μ und ν meßbar ist, gilt dann

$$\mu(P) = \int_P \lambda \, d\nu.$$

Die Grundsumme für den zweiten Teil lautet nämlich

$$\sum_i \lambda(A_i)\,\nu(P_i) = \sum_i \mu(P_i) + \sum_i \varepsilon_i \nu(P_i),$$

wobei $|\varepsilon_i| \leqq \varepsilon$, sobald die Durchmesser der P_i kleiner als η sind. Es ist

$$\sum_i \mu(P_i) = \mu(P)$$

und

$$\left|\sum_i \varepsilon_i \nu(P_i)\right| \leqq \varepsilon\nu(P).$$

Daraus folgt

$$\int_P f \, d\nu = \mu(P).$$

Übung 19. a) Man zeige, daß die spezifische Masse in einem Punkt ein Spezialfall der obigen Definition ist.

b) Läßt sich diese auch in einem Punkt auf der Trennfläche zweier verschiedener Medien definieren

9.5. *Wechsel des Maßes*

μ und ν seien zwei durch die obige Relation verbundene Maße. Dann darf man schreiben

$$\int_P f\,d\mu = \int_P f\,\lambda\,d\nu.$$

Diese Beziehung gilt für alle dem Betrag nach beschränkte Funktionen f, für die beide Integrale existieren. Die beiden Seiten stellen den gleichen Ausdruck dar, weil für ihre Grundsummen

$$\sum_i f(A_i)\,\mu(P_i) \quad \text{und} \quad \sum_i f(A_i)\,\lambda(A_i)\,\nu(P_i)$$

gilt. Deren Differenz lautet

$$\sum_i f(A_i)\big(\mu(P_i) - \lambda(A_i)\,\nu(P_i)\big).$$

Nach Voraussetzung ist

$$|f| < M.$$

Wenn die Durchmesser der P_i kleiner als η sind, so wird die obige Größe majorisiert durch

$$M\varepsilon \sum_i \nu(P_i) = M\varepsilon\nu(P),$$

was mit ε gegen Null geht.

9.6. *Anwendungen*

a) Wir nehmen vorerst nochmals das Beispiel von 2.2:

$$\int_{\text{Blech+Streben}} (x^2 + y^2)\,dm$$

und untersuchen nur das Integral

$$\int_{\text{Blech}} (x^2 + y^2)\, dm.$$

σ sei das durch Flächeninhalt auf dem Blech definierte Maß und ϱ die Flächendichte

$$m(P) = \int_P \varrho\, d\sigma.$$

Also gilt

$$\int_{\text{Blech}} (x^2 + y^2)\, dm = \int_{\text{Blech}} (x^2 + y^2)\, \varrho\, d\sigma.$$

Nehmen wir an, daß das Blech von jeder Vertikalen nur in einem Punkt geschnitten werde. s sei das vom Flächeninhalt der Projektion in die xy-Ebene definierte Maß. Man hat dann

$$\sigma = \int_{\text{Projektion}} \sqrt{1 + z_x'^2 + z_y'^2}\, ds,$$

und daraus folgt

$$\int_{\text{Blech}} (x^2 + y^2)\, dm = \int_{\text{Projektion}} (x^2 + y^2)\, \varrho \sqrt{1 + z_x'^2 + z_y'^2}\, ds.$$

b) S sei eine Fläche in parametrischer Darstellung $\mathfrak{M}(u, v)$. Wir wollen das Integral $\iint_S f\, d\sigma$ durch ein Doppelintegral in u und v ausdrücken (die Frage der Orientierung vernachlässigen wir dabei). Das erste Integral ist bezüglich eines durch den Inhalt einer Fläche definierten Maßes zu bilden. Das zweite Integral hat als Maß den Inhalt s in der Ebene der Parameter u und v. Wir nehmen an, daß diese beiden Maße der Bedingung

$$\lim \frac{\sigma(P)}{s(P)} = \lambda(A)$$

genügen. $\lambda(A)$ ist sodann leicht zu bestimmen.

Das elementare Rechteck du, dv mit dem Inhalt $du\,dv$ geht nämlich über in ein Parallelogramm mit den Seiten $\mathfrak{M}'_u du$, $\mathfrak{M}'_v dv$, dessen Inhalt gegeben ist durch

$$(\mathfrak{M}'_u \wedge \mathfrak{M}'_v)\, du\, dv.$$

Also gilt

$$\lambda(A) = |\mathfrak{M}'_u \wedge \mathfrak{M}'_v|$$

und

$\iint\limits_S f\, d\sigma = \iint\limits_{S^*} f\, |\mathfrak{M}'_u \wedge \mathfrak{M}'_v|\, du\, dv$, S^* ist das Bild von S, in der uv-Ebene.

10.1. Orientiertes Integral

Wenn die Teilmenge P, über welche das Integral

$$\int\limits_P f\, d\mu$$

genommen wird, orientierbar ist, so läßt sich auch ein *orientiertes Integral*

$$\oint\limits_P f\, d\mu$$

auf die folgende Weise bestimmen:

Für die eine Orientierung von P, *positive Orientierung* genannt, gilt

$$\oint\limits_P f\, d\mu := \int\limits_P f\, d\mu.$$

Für die andere Orientierung, die *negative Orientierung*, gilt

$$\oint\limits_P f\, d\mu := -\int\limits_P f\, d\mu.$$

10.2. Beispiele

a) Die einfachen Integrale in ihrer üblichen elementaren Definition sind orientierte Integrale. Die positive Orientierung des Intervalls $[a, b]$ ist die vom Punkt mit der kleineren Abszisse zum anderen. Für derartige orientierte Integrale verwendet man die Schreibweise

$$\int_a^b f(x)\,dx.$$

b) Die Kurvenintegrale sind ebenso orientierte Integrale.

c) Die in der üblichen elementaren Weise definierten Doppelintegrale und dreifachen Integrale sind im Gegensatz dazu nicht orientiert.

d) Flächenintegrale sind orientierte Integrale.

In Wirklichkeit sind einige der obigen Vereinbarungen nicht die günstigsten. Das Trägheitsmoment einer von einem Geradenstück getragenen Masse ist eine dem Wesen nach positive Größe. Es wäre daher wünschenswert, diese Größe in Form eines nicht orientierten Integrals auszudrücken.

10.3. Änderung der Variablen in einem orientierten Integral

Wir betrachten nun den Fall eines einfachen Integrals, obwohl die Feststellungen, die wir treffen werden, von allgemeinerem Charakter sind. Gegeben sei das orientierte Integral

$$\int_a^b f(x)\,dx.$$

Eine Variablentransformation

$$x = \varphi(t)$$

gibt wieder ein orientiertes Integral

$$\int_{\varphi^{-1}(a)}^{\varphi^{-1}(b)} f(\varphi(t))\, \varphi'(t)\, dt.$$

Behandeln wir dieselbe Frage für nicht orientierte Integrale. Das kommt darauf hinaus, daß man von einem durch die Länge auf der x-Achse definierten Maß übergeht zu einem durch die Länge auf der t-Achse gegebenen Maß. Das Verhältnis der Abmessungen zweier unendlich kleiner Intervalle ist $|\varphi'(t)|$. Wir setzen nun

$$\alpha := \operatorname{Inf}(a, b), \qquad \beta := \operatorname{Sup}(a, b),$$

$$\gamma := \operatorname{Inf}(\varphi^{-1}(a), \varphi^{-1}(b)), \quad \delta := \operatorname{Sup}(\varphi^{-1}(a), \varphi^{-1}(b))$$

$$\int_{[\alpha,\beta]} f(x)\, dx = \int_{[\gamma,\delta]} f(\varphi(t))\, |\varphi'(t)|\, dt.$$

Aufgabe 1

Man beweise für eine beliebige Massenverteilung den Satz von STEINER: Das Trägheitsmoment eines Körpers von der Gesamtmasse m bezüglich einer Geraden D', die in einer Entfernung d vom Schwerpunkt G den Körper durchstößt, ist mit dem Trägheitsmoment I bezüglich einer Geraden D, die parallel zu D' durch G verläuft, durch die folgende Beziehung verknüpft

$$I' = I + md^2.$$

Aufgabe 2

a) Man betrachte Ebenen durch die z-Achse und die folgenden Maße:

Flächeninhalt σ in einer Ebene durch die z-Achse,
Winkel θ um die z-Achse,
Volumen v.

ϱ sei der Abstand eines Punktes von der z-Achse.

Man beweise

$$v = \iint \varrho \, d\theta \, d\sigma.$$

b) Man leite die GULDINsche Regel ab:

Das Volumen eines durch Rotation einer Fläche S um die z-Achse erzeugten Körpers ist gegeben durch die Formel $2\pi Sd$. d ist der Abstand des Schwerpunktes der Fläche von der z-Achse.

c) μ und ν seien zwei Maße im Raum und in einer Ebene durch die z-Achse, die der Beziehung

$$d\mu = \varrho \, d\theta \, d\nu$$

genügen. Man verallgemeinere die GULDINsche Formel auf diesen Fall.

d) Man zeige, daß diese Beziehung erfüllt ist, wenn man setzt:

μ Inhalt einer Rotationsfläche,

ν Bogenlänge eines Meridians dieser Fläche.

e) Man leite daraus eine Formel ab, die den Inhalt einer Rotationsfläche als Funktion des Abstandes des Schwerpunktes der Meridiankurven von der Rotationsachse angibt.

Aufgabe 3

a) Zwei beschränkte disjunkte Raumbereiche P_1 und P_2 sollen elektrische Ladungen enthalten. Man beschreibe die von P_1 auf P_2 ausgeübten elektrischen Kräfte.

b) P_1 sei eine Scheibe D_1, deren Achse mit der z-Achse zusammenfällt, die den Radius 1 hat und die mit uniformer Dichte μ_1 in der Höhe $z := 1$ angebracht ist. P_2 sei der Einheitskreis C_2, dessen Achse in der z-Achse liegt und der mit der uniformen Dichte μ_2 in $z := -1$ angebracht ist. Man beschreibe dieselben Kräfte unter Verwendung des Flächeninhalts und der Bogenlänge als Maße.

c) Man führe die Rechnung nochmals durch, wobei die Maße durch den Winkel zum Zentrum und dem Abstand zur z-Achse gegeben seien.

Aufgabe 4

f sei eine positive beschränkte Funktion, g sei eine beliebige Funktion mit

$$m \leqq g \leqq M.$$

Man zeige, daß gilt

$$\int_P fg \, d\mu = H \int_P f \, d\mu \quad \text{mit } m \leqq H \leqq M.$$

3. Das Dirac-Maß

Wir studieren nun einen recht einfachen Spezialfall aus der Maßtheorie. Dieser Fall verdient jedoch großes Interesse im Hinblick auf die Anwendung.

11.1. Das Dirac-*Maß*

Wir betrachten eine Achse $x'x$ (Abb. 6). Das Dirac-Maß bezüglich eines Punktes dieser Geraden mit der Abszisse a wird durch eine in diesem Punkt konzentrierte Masse vom Betrag 1 realisiert.

Abb. 6

Wir bezeichnen das Maß mit Y_a. Jedes Teilstück der Geraden ist meßbar. Sein Maß ist

0, wenn es a nicht enthält,

1, wenn es a enthält.

11.2. Integrale bezüglich des DIRAC-*Maßes*

$f(x)$ sei eine in $x := a$ stetige Funktion:

$$\int_P f(x)\,dY_a = \begin{cases} 0, & \text{wenn } P\ a \text{ nicht enthält,} \\ f(a), & \text{wenn } P\ a \text{ enthält.} \end{cases}$$

Die erste Behauptung bedarf keines Beweises. Im zweiten Fall enthält jede Grundsumme nur einen einzigen von Null verschiedenen Term, nämlich den, der das a enthaltende Teilstück berücksichtigt. Sein Wert ist f_a, worunter ein Wert zwischen der oberen und unteren Grenze von $f(x)$ in dem entsprechenden Teilstück verstanden wird.

Wenn der Durchmesser der bei der Zerlegung benützten Teilintervalle gegen Null strebt, so geht f_a gegen $f(a)$, und zwar wegen der Stetigkeit von $f(x)$ in a.

Bemerkung. Wenn $f(x)$ in $x := a$ nicht stetig ist, so existiert das Integral nicht, wie wir in 5.2 gezeigt haben.

Übung 20. a) Unter Verwendung der Überlegungen des vorhergehenden Punktes zeige man, daß man den Ausdruck

$$f(1) + f(2) + f(3)$$

als Integral über die Funktion $f(x)$ bezüglich eines geeigneten Maßes schreiben kann.

b) Hat man dabei der Funktion $f(x)$ Bedingungen aufzuerlegen?

12.1. Der Einheitssprung

Die Funktion

$$E_a(x) := \int_{(-\infty, x)} 1 \cdot dY_a$$

heißt *Einheitssprung* oder *Stufenfunktion*. Ihr Wert ist

$$1, \text{ wenn } x > a$$
$$0, \text{ wenn } x \leqq a.$$

Das Schaubild der Funktion ist in Abb. 7 dargestellt.

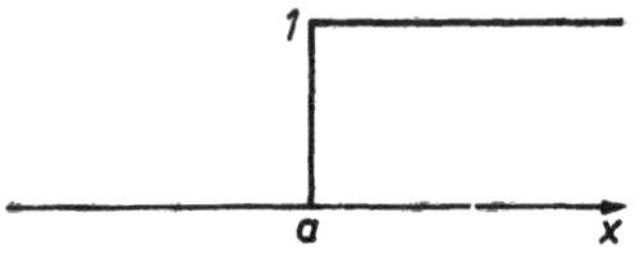

Abb. 7

Diese Funktion spielt in der Untersuchung physikalischer Phänomene eine große Rolle. Nehmen wir als Beispiel einen elektrischen Stromkreis, der mit einer Spannungsquelle in Reihe geschaltet ist und einen Schalter, der bis zum Zeitpunkt a offen ist und dann geschlossen wird. Man kann die beiden verschiedenen Situationen getrennt betrachten. Es ist jedoch einfacher, beide Situationen durch einen einzigen Ausdruck zu beschreiben, indem man für die Spannungsquelle den Ausdruck $vE_a(t)$ setzt. Man ersieht aus der Definition der Stufenfunktion, daß der Wert der elektromotorischen Kraft in diesem Beispiel für $t := a$ gleich Null ist. Man könnte sich hier fragen, ob der Wert zu diesem Zeitpunkt nicht eher v oder ein entsprechender Mittelwert sei. In dieser Form hat jedoch die Frage keinen physikalischen Sinn.

Übung 21. Gibt es eine Beziehung zwischen dem Einheitssprung und der Funktion

$$S_g(x) := \begin{cases} -1, \text{ wenn } x < 0, \\ 0, \text{ wenn } x = 0, \\ 1, \text{ wenn } x > 0. \end{cases}$$

Übung 22. Man zeichne das Schaubild der Funktion

$$E_a(t) - E_{a+h}(t) + E_{a+2h}(t) - E_{a+3h}(t).$$

Übung 23. Man betrachte die Sägezahnfunktion in Abb. 8 und zeige, daß sich deren Ableitungen mit Hilfe von Einheitssprüngen ausdrücken lassen.

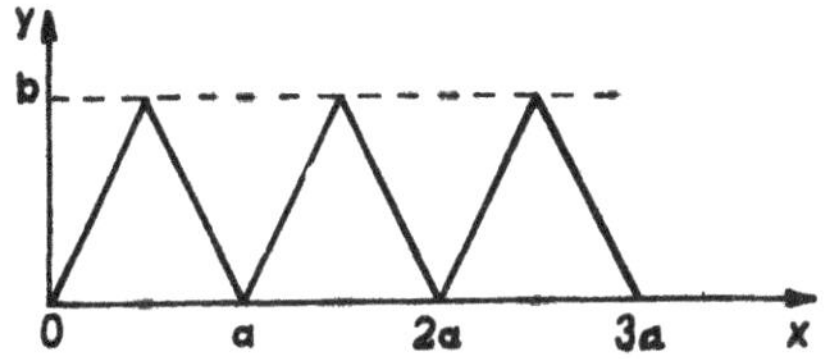

Abb. 8

12.2. Genaueres Studium der physikalischen Phänomene, die auf Einheitssprünge führen

Befaßt man sich eingehender mit physikalischen Phänomenen, die mit Hilfe von Einheitssprüngen dargestellt werden, so erkennt man, daß es sich bei deren Beschreibung nur um eine Approximation handelt. Das Einschalten eines Schalters zum Beispiel wird von Übergangsströmen begleitet, die vernachlässigbar sind, wenn man sich nur mit Vorgängen befaßt, deren Dauer in der Größenordnung von Sekunden liegt. Interessiert man sich jedoch auch für Vorgänge mit einer Dauer von Millisekunden, so darf man diese Vernachlässigungen

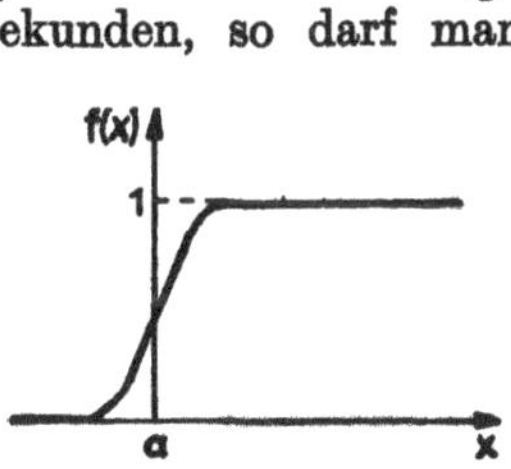

Abb. 9

nicht machen. Diese Tatsache legt es nahe, nicht eine Funktion zu betrachten, die ohne Zwischenwerte von 0 nach 1 springt, sondern eine Funktion, die in der Nähe von a zwar schnell, aber immerhin stetig von 0 nach 1 verläuft. Das Schaubild einer Funktion mit den angedeuteten Eigenschaften ist in Abb. 9 dargestellt.

Betrachten wir die Ableitung einer derartigen Funktion. Diese verhält sich so, wie es in Abb. 10 dargestellt wird.

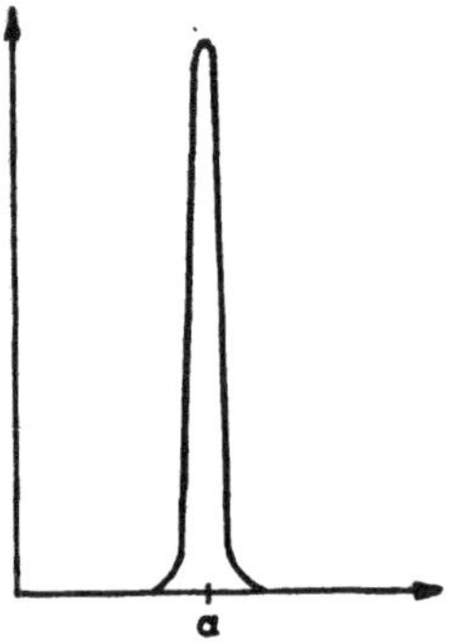

Abb. 10

Wir wollen dafür nun eine mathematische Definition geben.

12.3. Die Stoßfunktion

Als *Stoßfunktion* bezeichnen wir eine Funktion $f_{a,\varepsilon}(x)$ mit den folgenden Eigenschaften:

a) Sie ist für alle x definiert,

b) $f_{a,\varepsilon}(x) \geqq 0$,

c) $f_{a,\varepsilon}(x) = 0$ für $x < a - \varepsilon$ und $x > a + \varepsilon$,

d) $\int\limits_{a-\varepsilon}^{a+\varepsilon} f_{a,\varepsilon}(x)\, dx = 1$.

Diese Bedingungen erfordern, daß $f_{a,\varepsilon}(x)$ im Intervall $(a - \varepsilon, a + \varepsilon)$ äußerst große Werte annimmt. Es ist leicht, eine physikalische Interpretation einer derartigen Funktion zu geben. Das bekannteste Beispiel stammt aus der Mechanik:

Ein Spieler stößt einen Ball mit dem Fuß. Der Einfachheit halber betrachten wir den Vorgang in einem eindimensionalen Raum. Die auf den Ball wirkende Kraft verhält sich so, wie die vorhin beschriebene Funktion. Es gilt nämlich:

Die Kraft ist Null, bevor der Fuß den Ball erreicht.

Sie erreicht wieder den Wert Null, wenn der Fuß sich vom davonfliegenden Ball absetzt.

In der Zwischenzeit nimmt sie große Werte an. Der Zustand des Balles wird dadurch merklich geändert.

Die Kraft wirkt stets in derselben Richtung. Es gibt keinen Grund dafür, daß die Fläche unter der Kurve, die den Verlauf der Kraft wiedergibt, den Inhalt 1 habe. Deshalb schreibt man für die Kraft $K f_{a,\varepsilon}(t)$ (K ist der Wert des Integrals über die Kraft von $a - \varepsilon$ bis $a + \varepsilon$).

Bemerkung. Die obigen Bedingungen bestimmen den Stoß nicht eindeutig. Man kann dadurch Stöße verschiedener Art festlegen. Wir werden weiter unten sehen, daß die Art keine Rolle spielt, da für uns nur der Fall interessant ist, der eintritt, wenn man ε gegen Null gehen läßt.

Übung 24. Man bestimme den Ausdruck für eine Stoßfunktion zwischen $a - \varepsilon$ und $a + \varepsilon$ mit der folgenden Form:

a) konstant;

b) symmetrischer Sägezahn, null, $a - \varepsilon$ und $a + \varepsilon$;

c) Parabel mit den Nullstellen $a - \varepsilon$ und $a + \varepsilon$.

12.4. Der Satz vom Integral

Betrachten wir das Integral

$$\int_\alpha^\beta g(x)\, f_{a,\varepsilon}(x)\, dx, \qquad \alpha < a < \beta,$$

$g(x)$ sei stetig in $x := a$.

Dieses Integral genügt der Beziehung

$$\lim_{\varepsilon\to 0} \int_a^\beta g(x)\, f_{a,\varepsilon}(x)\, dx = g(a) = \int_{[a,\beta]} g(x)\, d\,Y_a.$$

Es gilt nämlich

$$\int_a^\beta g(x) f_{a,\varepsilon}(x) dx = \int_a^\beta g(a)\, f_{a,\varepsilon}(x) dx + \int_a^\beta \big(g(x) - g(a)\big) f_{a,\varepsilon}(x) dx.$$

Wenn ε klein genug ist, so daß das Intervall

$$[a - \varepsilon, a + \varepsilon]$$

im Innern des Intervalls $[a, \beta]$ liegt, hat das erste Integral auf der rechten Seite den Wert $g(a)$. Das zweite Integral wird majorisiert durch

$$\Big(\operatorname*{Sup}_{a-\varepsilon\leq x\leq a+\varepsilon} |g(x) - g(a)|\Big) \int_a^\beta f_{a,\varepsilon}(x)\, dx = \operatorname*{Sup}_{a-\varepsilon\leq x\leq a+\varepsilon} |g(x) - g(a)|$$

Dieser Ausdruck strebt für ε gegen Null wegen der Stetigkeit von $g(x)$ an der Stelle a ebenfalls gegen Null.

Dieses Ergebnis bedeutet, daß die Form des Stoßes, wie wir bereits weiter oben erwähnten, keinen Einfluß auf den Wert des Integrals hat.

12.5. Interpretation als Grenzwert von Maßen

Betrachten wir das Maß μ_ε, das durch eine Massenverteilung auf der x-Achse mit der Liniendichte $f_{a,\varepsilon}(x)$ definiert wird:

$$\int_a^\beta g(x)\, f_{a,\varepsilon}(x)\, dx = \int_a^\beta g(x)\, d\mu_\varepsilon.$$

Folglich gilt

$$\lim_{\varepsilon \to 0} \int_{\alpha}^{\beta} g(x)\, d\mu_{\varepsilon} = \int_{\alpha}^{\beta} g(x)\, dY_{a}.$$

Man kann also das Dirac-Maß als *Grenzwert* der Maße μ_{ε} betrachten. Diese Auffassung ist korrekt, was die Massenverteilung betrifft. Die in der Umgebung des Punktes a konzentrierte Masse

$$\int_{a-\varepsilon}^{a+\varepsilon} f_{a,\varepsilon}(x)\, dx = 1$$

liefert die Masse für das Dirac-Maß.

Der vorangehende Satz sagt aus, daß die Auffassung auch in bezug auf die Berechnung des Integrals über eine stetige Funktion korrekt ist.

Übung 25. Als rechte Flanke eines Stoßes bezeichnet man eine Stoßfunktion $f_{a,\varepsilon}(x)$ mit

$$f_{a,\varepsilon}(x) := 0 \quad \text{für} \quad x < a.$$

a) Man beweise, daß der Satz vom Integral auch für eine derartige Stoßfunktion gilt, wenn $g(x)$ rechtsseitig stetig ist.

b) Was tritt ein, wenn $g(a + 0)$ existiert, ohne daß $g(x)$ in a rechtsseitig stetig ist?

Übung 26. Man definiere eine Stoßfunktion in der Ebene. Man formuliere und beweise den Satz vom Integral. Ist das Produkt zweier Stoßfunktionen zweier verschiedener Variabler eine Stoßfunktion von zwei Variablen?

13.1. Die Redensart „Dirac-Funktion"

In zahlreichen Büchern für Ingenieure versucht man einen Grenzwert von $f_{a,\varepsilon}(x)$ zu definieren, wenn ε gegen

Null strebt. Dieser Grenzwert ist die sogenannte „DIRAC-Funktion", welche die folgenden Eigenschaften haben sollte:

Sie ist Null für $x \neq a$;
sie ist unendlich in $x := a$;
das Integral über sie hat den Wert 1.

Eine derartige Definition ist unangebracht und unbrauchbar. Sie drückt jedoch in unzulänglicher Form den in dem Satz vom Integral (12.4) zum Ausdruck gebrachten wirklichen Sachverhalt aus.

13.2. Theorie der Distributionen

Die vorangehenden Betrachtungen sind nur die unterste Stufe einer viel allgemeineren Theorie, die wir hier nicht entwickeln können, nämlich der Theorie der Distributionen.

Aufgabe 5

a) Man beweise den Satz vom Integral, indem man die Bedingung $f_{a,\varepsilon}(x) = 0$ außerhalb des Intervalles $[a - \varepsilon, a + \varepsilon]$ durch die schwächere Bedingung

$$\lim_{\varepsilon \to 0} \left(\int_{\alpha}^{a-\varepsilon} |f_{a,\varepsilon}(t)| \, dt + \int_{a+\varepsilon}^{\beta} |f_{a,\varepsilon}(t)| \, dt \right) = 0$$

ersetzt.

b) Man ersetze gleichfalls die Bedingung

$$f_{a,\varepsilon}(x) \geqq 0 \quad \text{in} \quad [a - \varepsilon, a + \varepsilon]$$

durch die schwächere Bedingung

$$\exists M \, \forall \varepsilon \left[M > 0 \Rightarrow \int_{a-\varepsilon}^{a+\varepsilon} |f_{a,\varepsilon}(x)| \, dx \leqq M \right]$$

c) Man betrachte die Funktion

$$f_{a,\varepsilon}(x) := \begin{cases} 0, & \text{wenn} \quad x \leqq a - \varepsilon \\ \dfrac{-1}{\varepsilon^2}, & \text{wenn} \quad a - \varepsilon < x \leqq a \\ \dfrac{1}{\varepsilon^2} + \dfrac{1}{\varepsilon}, & \text{wenn} \quad a < x \leqq a + \varepsilon \\ 0, & \text{wenn} \quad x > a + \varepsilon. \end{cases}$$

Erfüllt diese Funktion die Bedingung aus (*b*)?

d) Man berechne

$$\lim_{\varepsilon \to 0} \int_{a-\varepsilon}^{a+\varepsilon} f_{a,\varepsilon}(x)\, g(x)\, dx$$

für den Fall, daß $g(x)$ in $[\alpha, \beta]$ differenzierbar ist und in $x := a$ eine stetige Ableitung besitzt.

Aufgabe 6

a) Man betrachte die folgende Stoßfunktion

$$f_{a,\varepsilon}(x) := \frac{1}{2\varepsilon} \quad \text{für} \quad x \in [a - \varepsilon, a + \varepsilon].$$

Man integriere

$$I_\varepsilon := \int_{a-\varepsilon}^{a+\varepsilon} f_{a,\varepsilon}(x)\, g(x)\, dx$$

partiell unter der Voraussetzung, daß $g(x)$ differenzierbar ist.

b) Man leite hieraus, eventuell durch mehrmalige Durchführung, eine Entwicklung bis zur Ordnung 2 für I_ε ab.

c) Man wiederhole die Berechnung für nicht spezifizierte Funktionen $f_\varepsilon(x)$. Man zeige, daß der Term erster Ordnung

Null ist, wenn

$$f_{a,\varepsilon}(a-u) = f_{a,\varepsilon}(a+u).$$

d) Man zeige, daß es unter dieser Voraussetzung nicht möglich ist, $f_{a,\varepsilon}(x)$ so zu wählen, daß auch der Term zweiter Ordnung verschwindet. Kann man diesen Term negativ machen?

4. Von Parametern abhängige Integrale

14.1. Problemstellung

Im Raum der Variablen M sei das Maß μ definiert. Die Variable N beziehe sich auf einen Raum, in dem eine Entfernung definiert ist, und in dem N eine Menge E durchlaufe. Wir betrachten das Integral

$$h(N) := \int_{P(N)} f(M, N)\, d\mu,$$

das eine Funktion von N darstellt, an der man verschiedene Eigenschaften, wie Stetigkeit, Integrierbarkeit oder Differenzierbarkeit untersuchen kann.

In gewissen Fällen kann die Variable N nur ganze Zahlen annehmen. In solchen Fällen verwendet man mit Vorteil die Schreibweise

$$h_n := \int_{P_n} f_n(M)\, d\mu.$$

14.2. Vertauschung von $\int$ und lim bei einem Integral über einen festen Bereich

Wir betrachten das Integral

$$h(N) := \int_P f(M, N)\, d\mu, \qquad N \in E,$$

bei dem der Bereich P von N unabhängig ist und das den folgenden Bedingungen genügt:

a) Das obige Integral existiert [insbesondere ist P beschränkt und besitzt das Maß $\mu(P)$].

b) Für $M \in P$ und $N \in E$ gilt $|f(M, N)| \leqq K$.

c) Es gibt einen Wert N_0 (der zu E gehört oder nicht), so daß

$$N \to N_0$$

einen Sinn hat.

d) $\varphi(M) := \lim_{N \to N_0} f(M, N)$ existiert.

e) $\varphi(M)$ ist integrierbar in P.

Regel für die Praxis: *Unter den obigen Voraussetzungen gilt*

$$\boxed{\lim_{N \to N_0} h(N) = \int_P \varphi(M)\, d\mu}$$

oder anders ausgedrückt

$$\boxed{\lim_{N \to N_0} \int_P f(M, N)\, d\mu = \int_P \lim_{N \to N_0} f(M, N)\, d\mu.}$$

Dieser Ausdruck heißt *Formel für die Limesbildung unter dem Summenzeichen.*

Diese Formel drückt aus, daß unter den obigen Voraussetzungen das Integral über den Grenzwert gleich dem Grenzwert des Integrals ist, oder auch, daß die beiden folgenden Operationen vertauschbar sind:

Integration in M bezüglich des Maßes μ,
Limesbildung bezüglich N.

Wir geben nun eine Rechtfertigung für diese Regel. Es gelte $\eta \in R^+$. Man betrachte die Menge $E_{\varepsilon,\eta}$ der Werte von M, für die

$$\text{Abstand } N_0 N \leqq \eta \Rightarrow |f(M, N) - \varphi(M)| \leqq \varepsilon.$$

Für ein festes $\varepsilon > 0$ gilt

$$\lim_{\eta \to 0} E_{\varepsilon,\eta} = P$$

auf Grund der Voraussetzung d). Setzen wir

$$E'_{\varepsilon,\eta} := P - E_{\varepsilon,\eta}$$

$$\lim_{\eta \to 0} E'_{\varepsilon,\eta} = \emptyset$$

$$\left| \int_P \bigl(f(M, N) - \varphi(M)\bigr)\, d\mu \right| \leqq \varepsilon \mu(P) + 2K\mu(E'_{\varepsilon,\eta}).$$

Der letzte Ausdruck kann durch Wahl von ε und η beliebig klein gemacht werden.

Übung 27. Man wende das obige Ergebnis an auf

$$f(a) := \int_0^1 \frac{dx}{1 + a^2 x^2} \text{ für } a \text{ gegen } 0.$$

Übung 28. Unter Verwendung des DIRAC-Maßes gebe man ein Beispiel an, wo $\varphi(M)$ beschränkt aber nicht integrierbar ist.

14.3. Ein Beispiel, in dem Integral und Grenzwert nicht vertauscht werden dürfen

Wir betrachten eine Funktion $g(x, \varepsilon)$, die den folgenden Bedingungen genügt (ähnlich denen, die man von einer Stoßfunktion erwartet):

a) Sie ist definiert für $x \in [-1, 1]$ und $\varepsilon \in (0, 1]$.

b) $g(x, \varepsilon) := 0$ für $x \leqq 0$ und für $x \geqq \varepsilon$.

c) $g(x, \varepsilon) > 0$ für $x \in (0, \varepsilon)$.

d) $\int_0^\varepsilon g(x, \varepsilon)\, dx = 1$.

Wir wollen zeigen, daß

$$\lim_{\varepsilon \to 0} g(x, \varepsilon) = 0.$$

Die Behauptung stimmt für $x \leqq 0$. Für $x > 0$, $g(x, \varepsilon) = 0$, sobald $x \geqq \varepsilon$, also gilt

$$\lim_{\varepsilon \to 0} g(x, \varepsilon) = 0.$$

Daraus schließt man

$$1 = \lim_{\varepsilon \to 0} \int_0^1 g(x, \varepsilon)\, dx \quad \text{und} \quad \int_0^1 \lim_{\varepsilon \to 0} g(x, \varepsilon)\, dx = 0.$$

Bemerkung. Die obige Funktion genügt nicht den Voraussetzungen von 14.2, weil sie nicht beschränkt ist.

Bemerkung 2. Man könnte meinen, daß man bei der unerlaubten Anwendung des Satzes über die Integrierbarkeit eines Grenzwertes nur einen Fehler mathematischer Natur begeht, was einen Physiker nach allem wenig beunruhigen sollte. Man läßt dann jedoch Theorien, die so wichtig sind wie die der Stöße, außer Betracht.

14.4. Folgen

Das vorausgehende Theorem enthält auch den Fall, wo N nur ganzzahlige Werte annehmen kann. Wir formulieren Voraussetzungen und Behauptung für diesen Fall nochmals.

Das Integral

$$I_n := \int_P f_n(M)\, d\mu, \qquad n \in N$$

genüge den folgenden Bedingungen:

a) Das Integral existiert [insbesondere ist P beschränkt und besitzt das Maß $\mu(P)$].

b) Für $M \in P$ und $n \in N$ gilt $|f_n(M)| \leq K$.

c) $\varphi(M) := \lim_{n\to\infty} f_n(M)$ existiert.

d) $\varphi(M)$ ist integrierbar in P.

Regel für die Praxis: *Unter den angeführten Voraussetzungen gilt*

$$\lim_{n\to\infty} I_n = \int_P \varphi(M)\,d\mu$$

oder

$$\lim_{n\to\infty} \int_P f_n(M)\,d\mu = \int_P \lim_{n\to\infty} f_n(M)\,d\mu .$$

Bemerkung. Für ein Beispiel, in dem Integral und Grenzwertbildung nicht vertauschbar sind, genügt es, in der Funktion aus 14.3 $\varepsilon := 1/n$ zu setzen.

Übung 29. Man wende die vorangehenden Überlegungen auf die folgende im Intervall [0, 1] definierte Funktion an:

$$f_n(x) := \begin{cases} 1 \text{ für } x := 0, \dfrac{1}{2^n}, \ldots, \dfrac{2^n-1}{2^n}, 1 \\ 0 \text{ überall sonst.} \end{cases}$$

Das Integral sei das gewöhnliche einfache Integral.

15.1. Stetigkeit des Integrals über eine beschränkte und stetige Funktion

Wir verwenden nochmals die Bezeichnungsweise von 14.2.

In $P \times E$ gelte für die Funktion $f(M, N)$

a) beschränkt

b) stetig.

Als Regel für die Praxis darf man annehmen, daß das Integral

$$\int_P f(M, N)\, d\mu$$

existiert und eine stetige Funktion von N ist.

Die Existenz eines derartigen Integrals haben wir bereits in 5.1 gezeigt. Darüber hinaus gelten die Voraussetzungen von 14.2.

15.2. Beispiel

Die vorangehenden Resultate bieten ein mächtiges Werkzeug für das Studium der Stetigkeit von Funktionen, die mit Hilfe eines Integrals definiert sind. Ein Beispiel soll das erläutern. Positive elektrische Ladungen beliebiger Natur (punktförmig, in einem gewissen Volumen, auf Flächen oder auf Kurven verteilt), die sich in einem beschränkten Raumbereich K befinden und deren Gesamtladung beschränkt ist, erzeugen in einem Punkt M_0 außerhalb von R ein Potential

$$V(M_0) := \int_R \frac{dq}{MM_0}.$$

Dabei durchläuft M die Punkte von R.

Dieses Potential ist eine stetige Funktion des Ortes M_0, denn die Voraussetzungen von 15.1 sind erfüllt.

15.3. Stetigkeit eines Integrals mit variablen Grenzen

Obwohl eine allgemeine Untersuchung wie im in 14.1 dargestellten Fall möglich wäre, beschränken wir uns darauf, nur die Ergebnisse für das einfache Integral anzugeben:

$$h(y) := \int_{\underline{x}(y)}^{\overline{x}(y)} f(x, y)\, dx, \qquad y \in \mathbf{R}.$$

Die zwei folgenden Fälle sind praktisch die einzigen, in denen $h(y)$ unstetig sein kann (Abb. 11).

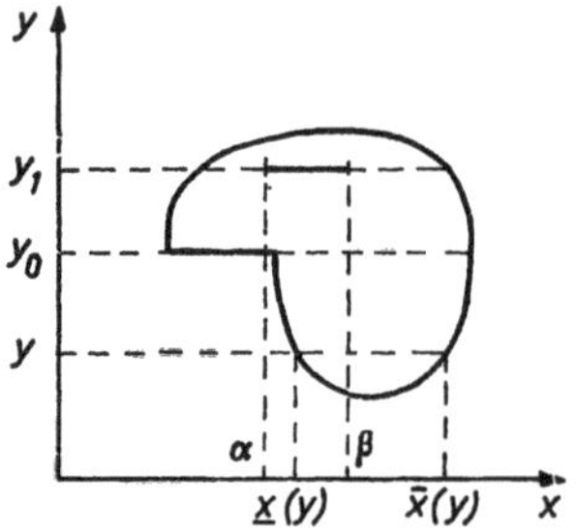

Abb. 11

a) $\bar{x}(y)$ oder $\underline{x}(y)$ sind unstetig (Beispiel y_0, Abb. 11);

b) $f(x, y)$ ist unstetig längs eines Intervalls parallel zur x-Achse (Beispiel y_1, Abb. 11).

16.1. Integration bezüglich des Produktes zweier Maße

Der Raum der Variablen M sei mit dem Maß μ versehen, der Raum der Variablen N mit dem Maß ν. Der Raum der Paare (M, N) besitze das Produktmaß

$$\varrho := \mu \times \nu .$$

Die folgenden Voraussetzungen seien erfüllt:

a) Die Funktion $f(M, N)$ sei in $P \times Q$ definiert, und es gelte

$$f|(M, N)| \leqq K .$$

b) Die Integrale und die folgenden Ausdrücke

$$\int_{P\times Q} f(M, N)\, d\varrho, \quad \int_P \Big(\int_Q f(M, N)\, d\nu\Big)\, d\mu, \quad \int_Q \Big(\int_P f(M, N)\, d\mu\Big)\, d\nu$$

existieren. Unter diesen Voraussetzungen gelten die folgenden Gleichungen:

$$\int_{P\times Q} f(M, N)\, d\varrho = \int_P \Big(\int_Q f(M, N)\, d\nu\Big)\, d\mu = \int_Q \Big(\int_P f(M, N)\, d\mu\Big) d\nu .$$

Der Beweis dafür ist analog zu den Überlegungen im Falle des Doppelintegrals. Wir wiederholen ihn an dieser Stelle. Zur Berechnung von

$$\int_{P\times Q} f(M, N)\, d\varrho$$

unterteile man $P \times Q$ in die Mengen $P_i \times Q_j$. Das liefert die Grundsumme

$$\sum_{i,j} f_{i,j} \mu(P_i)\, \nu(Q_j).$$

Für festes Q_j betrachten wir

$$\int_{P_i} f(M, N_j)\, d\mu, \qquad N_j \in Q_j.$$

Auf Grund des Mittelwertsatzes liegt der Wert dieses Ausdruckes zwischen

$$(\operatorname*{Inf}_{M\in P_i} f(M, N_j))\, \mu(P_i) \quad \text{und} \quad (\operatorname*{Sup}_{M\in P_i} f(M, N_j))\, \mu(P_i).$$

Man darf also für $f_{i,j}\mu(P_i)$ den Wert

$$\int_{P_i} f(M, N_j)\, d\mu$$

einsetzen. Diese spezielle Grundsumme erhält also den Wert

$$\sum_j \int_P \left(f(M, N_j)\, d\mu\right) \nu(Q_j),$$

wodurch sich eine Grundsumme für

$$\int_Q \left(\int_P f(M, N)\, d\mu\right) d\nu$$

ergibt.

Bemerkung. Im Rahmen des Anwendungsbereiches der Regeln für die Praxis ist die Existenz der verwendeten Integrale stets gewährleistet.

Wenn insbesondere $f(M, N)$ eine a) beschränkte und b) stetige Funktion in $P \times Q$ darstellt, darf die Existenz der Integrale im Rahmen der Regeln für die Praxis vorausgesetzt werden.

16.2. Interpretation

Die obige Formel interpretiert man auf die folgende Art: Zur Berechnung des Integrals über

$$\int_P f(M, N)\, d\mu$$

bezüglich ν in einem Bereich Q, d. h. zur Berechnung von

$$\int_Q \Big(\int_P f(M, N)\, d\mu\Big)\, d\nu$$

darf man die Funktion f durch ihr Integral bezüglich N ersetzen, d. h., man darf setzen

$$\int_P \Big(\int_Q f(M, N)\, d\nu\Big)\, d\mu .$$

Dies ist die *Formel für die Integration unter dem Summenzeichen.*

Man könnte auch von einer *Formel für die Vertauschung der Integralzeichen* sprechen.

Übung 30. Die obige Formel enthält als Spezialfall das Doppelintegral über ein Rechteck, das dreifache Integral über einen endlichen Zylinder. Man gebe die entsprechenden Formeln an.

Übung 31. Kann man analog zum Fall des Doppelintegrals eine Formel angeben, die das Integral über einen Teilbereich von $P \times Q$ ausdrückt, der nicht direktes Produkt zweier Teilmengen von P und Q ist?

16.3. Beispiel

Wir kehren nochmals zum Beispiel aus 15.2 zurück. Die positiven Ladungen q erzeugen in einem Punkt M_0 außerhalb von R ein Feld

$$\mathfrak{E}(M_0) = \int_R \frac{\overrightarrow{M M_0}}{(M M_0)^3}\, dq.$$

M_0 soll eine Kurve durchlaufen. Die Arbeit, die dieses Feld leistet, ist das Integral über die Tangentialkomponente längs der Bogenlänge dieser Kurve s_0. Wir haben also den Ausdruck $\dfrac{\overrightarrow{M M_0}\,\mathfrak{t}_0}{(M M_0)^3}$ bezüglich des Maßes $q \times s_0$ zu integrieren, was ohne Schwierigkeiten auszuführen ist. Definitionsgemäß gilt

$$\int_{AB} \left(\int_R \frac{\overrightarrow{M M_0}\,\mathfrak{t}_0}{(M M_0)^3}\, dq \right) ds_0$$

oder auch

$$\int_R \left(\int_{AB} \frac{\overrightarrow{M M_0}\,\mathfrak{t}_0}{(M M_0)^3}\, ds_0 \right) dq.$$

Das letzte Integral läßt sich leicht berechnen. Man erhält

$$\int_{AB} \frac{\overrightarrow{M M_0}\,\mathfrak{t}_0}{(M M_0)^3}\, ds_0 = \frac{1}{MA} - \frac{1}{MB}.$$

Dies ist das elektrostatische Potential einer isolierten Ladung. Die Arbeit ergibt sich folglich zu

$$\int_R \frac{dq}{MA} - \int_R \frac{dq}{MB} = V_A - V_B.$$

Ausgehend von einem Ausdruck für das elektrostatische Feld im äußeren eines Bereiches, der Träger von als positiv vorausgesetzten Ladungen ist, finden wir wieder einen Ausdruck für das Potential des Feldes, ohne die spezielle Art der Ladungsverteilung berücksichtigen zu müssen.

17.1. Ableitung unter dem Summenzeichen

Wir betrachten das Integral

$$h(y) := \int_P f(M, y)\, d\mu,$$

wobei die Variable y das Intervall $[\gamma, \delta]$ durchlaufen soll.

Man könnte sich fragen, ob man in Analogie zu den vorausgehenden Formeln auch schreiben darf

$$h'(y) := \int_P f'_y(M, y)\, d\mu,$$

d. h., ob man die *Ableitung unter dem Summenzeichen* durchführen darf.

17.2. Bedingungen für die Gültigkeit der Formel für die Ableitung unter dem Summenzeichen

Wir wollen die Bedingungen für die Gültigkeit der obigen Formel aus den Ergebnissen über die Integration unter dem Summenzeichen und den Eigenschaften der Stammfunktion herleiten.

Es sollen die folgenden Voraussetzungen erfüllt sein:

In $P \times [\gamma, \delta]$

a) $\int\limits_P (M, y_0)\,d\mu$ existiert für ein gewisses $y_0 \in [\gamma, \delta]$.

b) $\int\limits_P f'_y(M, y)\,d\mu$ ist stetig bezüglich y.

c) $\int\limits_P f'_y(M, y)\,d\mu$ darf unter dem Summenzeichen integriert werden.

Im Rahmen des Anwendungsbereiches der Regeln für die Praxis gewährleisten diese Voraussetzungen, daß

$$h(y) := \int\limits_P f(M, y)\,d\mu \quad \text{existiert}$$

und daß gilt

$$h'(y) := \int\limits_P f'_y(M, y)\,d\mu.$$

Es ist nämlich

$$\int\limits_{y_0}^{u} \int\limits_P f'_y(M, y)\,d\mu\,dy = \int\limits_P \int\limits_{y_0}^{u} f'_y(M, y)\,dy\,d\mu.$$

Für den zweiten Ausdruck darf man aber schreiben

$$\int\limits_P \big(f(M, u) - f(M, y_0)\big)\,d\mu.$$

Da $\int\limits_P f(M, y_0)\,d\mu$ existiert, gilt dasselbe für

$$h(u) = \int\limits_P f(M, u)\,d\mu.$$

Man hat also

$$\int\limits_{y_0}^{u} \int\limits_P f'_y(M, y)\,d\mu = h(u) - h(y_0).$$

Und da $\int\limits_P f'_y(M, y)\,d\mu$ bezüglich y stetig ist:

$$h'(y) = \int_P f'_y(M, y)\, d\mu .$$

Bemerkung. Die Bedingungen b) und c) in $P \times [\gamma, \delta]$ ließen sich ersetzen durch:

b′) $|f'_y(, y)| \leqq K$,

c′) $f'_y(M, y)$ ist eine stetige Funktion.

Übung 32. Man differenziere unter dem Summenzeichen:

$$I(\omega) = \int_0^1 \cos \omega x\, dx .$$

Man verifiziere das Ergebnis durch eine direkte Rechnung.

17.3. Andere hinreichende Bedingungen für die Ableitung unter dem Summenzeichen

Wir bemerken, daß die Ableitung unter dem Summenzeichen bedeutet, daß

$$\lim_{h\to 0} \int_P \frac{f(M, y+h) - f(M, y)}{h}\, d\mu = \int_P f'_y(M, y)\, d\mu .$$

Man kann also die Bedingungen von 14.2 heranziehen.

Beispiel. Es sei unter dem Summenzeichen abzuleiten:

$$I(a) := \int_0^1 \frac{f(x)\, dx}{x + a}, \quad a \geqq a_0 > 0,$$

$f(x)$ sei eine beschränkte Funktion.

Somit hat man zu schreiben

$$\lim_{h\to 0} \int_0^1 \frac{f(x)\, dx}{(x+a)(x+a+h)} = \int_0^1 \frac{f(x)\, dx}{(x+a)^2} .$$

Die Bedingungen von 14.2 sind zum Beispiel für $h \geqq \frac{-a_0}{2}$ erfüllt.

18.1. Die Ableitung eines Integrals über einen variablen Bereich

Wir betrachten

$$h(y) := \int_{P(y)} f(M, y)\, d\mu .$$

Zur Untersuchung der Ableitbarkeit dieses Integrals bezüglich y betrachten wir

$$k(y, u) := \int_{P(u)} f(M, y)\, d\mu .$$

Die Ableitung der Funktion $h(y) = k(y, y)$ erhält man mit Hilfe des Satzes über zusammengesetzte Funktionen. $k'_y(y, u)$ erhält man durch Ableitung unter dem Summenzeichen, $k_u(y, u)$ besteht im Falle, daß μ die Intervallänge bedeutet, in der Ableitung eines Integrals bezüglich seiner oberen Grenze.

Übung 33. Man bestimme die Ableitung von

$$f(y) = \int_{c(y)}^{d(y)} f(x, y)\, dx .$$

Man gebe die Bedingungen für die Gültigkeit an.

Übung 34. Man bilde die Ableitung nach x:

$$I(x) := \int_0^x (x - t)\, e^{-t}\, dt .$$

Man leite daraus $I(x)$ ab.

Übung 35. Man zeige, daß

$$y(x) := \int_0^x e^{x-t} f(t)\, dt$$

der Differentialgleichung $y' = y + f(x)$.

Aufgabe 7.

f sei eine beschränkte nicht negative Funktion, μ ein Maß.

a) Man zeige, daß die Werte von

$$I_1 := \int_P f\, d\mu, \quad I_2 := \int_P f^2\, d\mu, \quad a := \mu(P)$$

durch eine Ungleichung verbunden sind. Diese Ungleichung wird zu einer Gleichung, wenn f konstant ist oder wenn μ von einer in einem Punkt konzentrierten Masse erzeugt wird.

b) Man verallgemeinere den Ausdruck für beliebige nicht negative reelle Zahlen:

$$I_\alpha := \int_P f^\alpha\, d\mu.$$

Man finde eine Ungleichung zwischen Größen $I_{\alpha+\beta}$, $I_{2\alpha}$, $I_{2\beta}$. Man zeige, daß

$$\exists \alpha\, [I_\alpha = 0] \Rightarrow \forall \alpha\, [I_\alpha = 0].$$

c) Man nehme an, daß dieser Spezialfall ausgeschlossen ist, und setze $J_\alpha := \log I_\alpha$. Man zeige, daß I_α und J_α stetige Funktionen von α sind.

d) Man zeige an Beispielen, daß J_α die folgenden Eigenschaften haben kann:

α) konstant

β) unbeschränkt wachsend

γ) abnehmend

δ) zuerst abnehmend, dann unbeschränkt wachsend.

e) Kann man aus b) schließen, daß keine anderen Fälle möglich sind?

Aufgabe 8.

Man setze

$$\varphi(x) := \int_0^x \frac{(x-t)^n}{n!} f^{(n+1)}(t)\,dt.$$

a) Man berechne $\varphi'(x), \ldots, \varphi^{(n-1)}(x)$.

b) Man zeige, daß sich $\varphi^{(n)}(x)$ ohne Integralzeichen ausdrücken läßt.

c) Indem man von $\varphi^{(n)}(x)$ ausgehend sukzessive die Stammfunktionen der jeweiligen Ausdrücke bildet, gebe man einen Ausdruck für $\varphi(x)$ an, der kein Integralzeichen enthält.

d) Man leite daraus eine neue Form für den Rest in der Taylor-Reihe ab. Man führe das Ergebnis unter Benutzung der Ergebnisse von Aufgabe 4 auf die übliche Form zurück.

e) Als Stammfunktion p-ter Ordnung sei die Funktion $F^{(p)}(x)$ bezeichnet, die mit Hilfe der Rekursionsformeln

$$F^{(q)}(0) = 0, \qquad \frac{dF^{(q)}(x)}{dx} = F^{(q-1)}(x), \qquad F^{(0)}(x) = f(x)$$

definiert ist. Man leite aus dem Vorausgehenden einen Ausdruck für $F^{(p)}(x)$ in Form eines einfachen Integrals ab, in dem x sowohl als Parameter als auch als Integrationsgrenze auftritt.

Aufgabe 9.

a) Man verifiziere, daß

$$f(a, x) := e^{ax} \cos ay$$

eine Lösung der folgenden partiellen Differentialgleichung ist:

$$\frac{\partial^2 f}{d x^2} + \frac{\partial^2 f}{\partial y^2} = \Theta.$$

b) Unter welchen Voraussetzungen kann man schließen, daß

$$\int_P e^{ax} \cos ay \, d\mu,$$

wobei μ ein Maß bezüglich a ist, ebenfalls eine Lösung dieser Gleichung ist.

c) Man berechne effektiv

$$I(x, y) := \int_0^1 e^{ax} \cos ay \, da.$$

Von dem gefundenen Ausdruck berechne man die partiellen Ableitungen erster und zweiter Ordnung (dabei ersetze man vorteilhaft trigonometrische Ausdrücke durch Exponentialausdrücke mit imaginärem Argument). Man verifiziere, daß es sich dabei wirklich um eine Lösung der partiellen Differentialgleichung handelt.

d) Man zeige, daß e^{x+iy} in einer Umgebung des Ursprungs die folgende endliche Entwicklung der Ordnung 3 besitzt:

$$1 + \frac{(x+iy)}{1!} + \frac{(x+iy)^2}{2!} + \frac{(x+iy)^3}{3!} + \varepsilon(x^2 + y^2)^{3/2}.$$

Man schließe daraus, daß $I(x, y)$ mit seinen Ableitungen erster und zweiter Ordnung im Ursprung stetig ist.

Lösungen der Übungen von Kapitel I

1. Nur wenn die Ladungen positiv sind.
2. Ja.

3. Wenn die Koeffizienten positiv oder Null sind.

4. $P_1 \supseteq P_2 \Leftrightarrow \varphi(\AA_1) \supseteq \varphi(P_2)$

P_1 und P_2 disjunkt $\Leftrightarrow \varphi(P_1)$ und $\varphi(P_2)$ disjunkt

$P_3 = P_1 \cup P_2 \Leftrightarrow \varphi(P_3) = \varphi(P_1) \cup \varphi(P_2)$

$P = \lim\limits_{i\to\infty} P_i \Leftrightarrow \varphi(P) = \lim\limits_{i\to\infty} \varphi(P_i)$.

5. $X = \dfrac{\int x\,dm}{\int dm} \quad Y = \dfrac{\int y\,dm}{\int dm} \quad Z = \dfrac{\int z\,dm}{\int dm}$.

Alle Integrale sind über Blech + Streben zu nehmen.

6. a) Die Unstetigkeit im Nullpunkt ist in einem Intervall $\left[\dfrac{-1}{n}, \dfrac{1}{n}\right]$ enthalten, dessen Masse $1/2^{n-1}$ beträgt. Daraus ergibt sich die Integrierbarkeit.

b) Die Funktion ist nicht integrierbar.

7. Jeder Punkt ist Unstetigkeitspunkt. Die Funktion ist nicht integrierbar.

8. Die Integrale bilden einen Vektorraum über k. Die Abbildung ist linear.

9. a) Es handelt sich um eine Gleichheit.

b) $(aa' + bb' + cc')^2 \leqq (a^2 + b^2 + c^2)(a'^2 + b'^2 + c'^2)$.

10. Für $g = 0$ ist die Behauptung wahr. Wenn $g \neq 0$, so handelt es sich um ein echtes Trinom. Auf Grund der Stetigkeit gilt

$$f(a) + k_0 g(a) \neq 0 \Rightarrow \int_{[a,b]} (f + k_0 g)^2\, d\mu > 0.$$

11. a) $0, \ \dfrac{2}{\pi} \cos \omega a, \quad \dfrac{2}{\pi} (\cos \omega a + \sin \omega a)$.

b) Die übliche Bedeutung von „Mittelwert ist Null“ ist „Mittelwert über eine Periode ist Null“.

c) $\frac{1}{\sqrt{2}}, \frac{1}{\sqrt{2}}, \sqrt{\frac{1}{2} + \frac{1}{\pi} \sin 2a\omega}$.

d) Man hat den Effektivwert in einer Periode (Halbperiode genügt) zu präzisieren.

12. a) $\frac{\int_P f\,d\mu + \int_P g\,d\mu}{\mu(P)} = \frac{\int_P (f+g)\,d\mu}{\mu(P)}$.

b) Man hat zu zeigen

$$\sqrt{\int_P (f+g)^2\,d\mu} \leqq \sqrt{\int_P f^2\,d\mu} + \sqrt{\int_P g^2\,d\mu}.$$

Bildet man das Quadrat und vereinfacht, so bleibt

$$\int_P fg\,d\mu \leqq \sqrt{\int_P f^2\,d\mu \int_P g^2\,d\mu} \quad \text{(Schwarzsche Ungleichung).}$$

13. $\left(\int_P (f\bar{g} + \bar{f}g)\,d\mu\right)^2 \leqq 4 \int_P f\bar{f}\,d\mu \int_P g\bar{g}\,d\mu$.

Bezeichnet man den Realteil mit

$$\left(R \int_P f\bar{g}\,d\mu\right)^2 \leqq \int_P f\bar{f}\,d\mu \int_P g\bar{g}\,d\mu.$$

14. Das Integral existiert in $[-1, 0)$ und in $[0, 1]$, aber nicht in $[-1, 1]$.

15. Als einzige Modifikation hat man zu setzen

$$Q_n := P_n - P.$$

16. $\int_P f\,d\mu_1 = C \int_P f\,d\mu$.

17. Nach Definition.

18. Der Wert des Bruches liegt zwischen 1/2 und 1. Man kann P so wählen, daß er keinen Grenzwert oder einen Grenzwert $\lambda \in \left[\frac{1}{2}, 1\right]$ besitzt.

19. a) Die Maße sind Masse und Volumen.
b) Nein, vgl. Übung 18.

20. a) Masse 1 in den Punkten mit der Abszisse 1, 2, 3.
b) Die Funktion $f(x)$ darf in 1, 2, 3 nicht unstetig sein.

21. $S_g(x) = E_0(x) - E_0(-x)$.

22. Man betrachte Abb. 12.

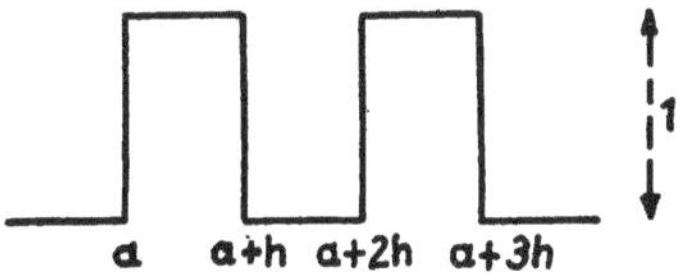

Abb. 12

23. $$\frac{2b}{a} E_0(x) - \frac{4b}{a} E_{a/2}(x) + \frac{4b}{a} E_a(x) - \frac{4b}{a} E_{(3a)/2}(x)$$
$$+ \frac{4b}{a} E_{2a}(x) - \frac{4b}{a} E_{(5a)/2}(x) + \frac{2b}{a} E_{3a}(x)$$

24. a) $\frac{1}{2\varepsilon}$

b) $\frac{1}{\varepsilon^2}(x - a + \varepsilon)$ zwischen $a - \varepsilon$ und a

$\frac{-1}{\varepsilon^2}(x - a - \varepsilon)$ zwischen a und $a + \varepsilon$

c) $\frac{3}{4\varepsilon^3}(x + \varepsilon - x)(x - a + \varepsilon)$.

25. a) Die Werte $x < a$ spielen keine Rolle.

b) Wenn $g(a+0)$ existiert, so ist der Grenzwert des Integrals $g(a+0)$.

26. a) $f_{A,\varepsilon}(x, y) = 0$. Im Äußeren des Bereiches R_ε, der A enthält.

b) $f_{A,\varepsilon}(x, y) \geqq 0$ in R_ε.

c) $\iint\limits_{R_\varepsilon} f_{A,\varepsilon}(x, y)\, dx\, dy = 1$,

wenn $g(x, y)$ in $A(a, b)$ stetig ist.

$$\lim_{\varepsilon \to 0} \iint f_{A,\varepsilon}(x, y)\, g(x, y)\, dx\, dy = g(a, b).$$

Das Produkt der beiden Stoßfunktionen zweier verschiedener Variablen ist eine Stoßfunktion von zwei Variablen.

27. Die Funktion $f(a)$ ist stetig für $a := 0$. Man verifiziert die Behauptung leicht:

$$f(a) = \frac{\operatorname{arc\,tan} a}{a}, \quad f(0) = 1.$$

28. Für $x \in [-1, 1]$ und $y \in (0, \infty)$ nehme man

$$f(x, y) := 0 \text{ für } x \leqq 0$$

$$f(x, y) := 0 \text{ für } x \geqq y$$

$$f(x, y) := \frac{x}{y} \text{ für } 0 < x < y$$

$$\lim_{y \to 0} f(x, y) := E_0(x).$$

Als Maß verwende man das Dirac-Maß im Ursprung.

29. $$\varphi(x) := \begin{cases} 1 \text{ für } x := \dfrac{k}{2^l}, \ k \in N, \ l \in N \\ 0 \text{ überall sonst.} \end{cases}$$

$\varphi(x)$ ist nicht integrierbar, die Funktion ist in jedem Punkt unstetig.

30. $\int_a^b dx \int_c^d f(x, y)\, dy = \int_c^d dy \int_a^b f(x, y)\, dx = \iint_R f(x, y)\, dx\, dy$

$$\int_c^d dz \iint f(x,y,z)\, dx\, dy = \iint_S dx\, dy \int_c^d f(x,y,z)\, dz$$

$$= \iiint_{\text{Zylinder}} f(x,y,z)\, dx\, dy\, dz.$$

31. R sei eine Teilmenge von $P \times Q$, über die man zu integrieren hat:

$\operatorname{Proj}_P R$ Menge der M, die zu einem Paar $(M, N) \in R$ gehören,

$\operatorname{Proj}_Q R$ Menge der N, die zu einem Paar $(M, N) \in R$ gehören,

R_M Menge der N, so daß $(M, N) \in R$.

R_N Menge der M, so daß $(M, N) \in R$.

$$\iint_R f(M, N)\, d(\mu \times \nu) = \int_{\operatorname{Proj}_P R} \left(\int_{R_M} f(M, N)\, d\nu \right) d\mu$$

$$= \int_{\operatorname{Proj}_Q R} \left(\int_{R_N} f(M, N)\, d\mu \right) d\nu.$$

32. $I(\omega) = \dfrac{\sin \omega}{\omega}$

$$I'(\omega) = -\int_0^1 x \sin \omega x\, dx = \frac{\omega \cos \omega - \sin \omega}{\omega^2}.$$

33. $h'(y) = \int\limits_{c(y)}^{d(y)} f'_y(x, y)\, dx + d'(y) f\big(d(y), y\big) - c'(y) f\big(c(y), y\big).$

Über die Bedingungen für die Ableitbarkeit unter dem Summenzeichen und die Existenz der angeschriebenen Größen hinaus muß man die Stetigkeit der partiellen Ableitungen von $\int\limits_u^v f(x, y)\, dx$ voraussetzen, d. h. von $\int\limits_u^v f'_y(x, y)\, dx, \quad f(u, y), \quad f(v, y).$

34. $I'(x) = (x - x)\, e^{-t} + \int\limits_0^x e^{-t}\, dt = 1 - e^{-x}$

$I(x) = x + e^{-x} + c$. Da $I(0) = 0$, gilt $c = -1$.

35. $y'(x) = \int\limits_0^x e^{x-t} f(t)\, dt + f(x).$

Lösungen der Aufgaben von Kapitel I

Aufgabe 1.

Man nehme für D die z-Achse, D' verlaufe durch x_0, y_0.

$$I' = \int\big((x - x_0)^2 + (y - y_0)^2\big)\, dm = \int (x^2 + y^2)\, dm$$
$$+ \int (x_0^2 + y_0^2)\, dm - 2x_0 \int x\, dm - 2y_0 \int y\, dm.$$

Da jedoch der Schwerpunkt auf der z-Achse liegt, ist $\int x dm = \int y\, dm = 0$, damit folgt die verlangte Formel.

Aufgabe 2.

a) $dv = \varrho\, d\theta\, d\sigma$ ist evident.

b) $v = 2\pi \int \varrho\, d\sigma = 2\pi\, d \int d\sigma + 2\pi \int (\varrho - d)\, d\sigma = 2\pi S d$ (das zweite Integral ist nach Definition des Schwerpunktes Null).

c) $d := \frac{\int \varrho \, d\nu}{\int d\nu}$ Abstand des Schwerpunktes der das Maß ν erzeugenden Massen von der z-Achse, $\mu = 2\pi\nu d$.

d) Man verwende die Formel für die Oberfläche eines unendlich kleinen Kegelstumpfes.

e) $S = 2\pi\, Ld$, wobei L die Länge der Meridiankurve ist.

Aufgabe 3.

a) Man nehme $M_1 \in P_1$, $M_2 \in P_2$.

$$r := M_1 M_2$$

$$F_x = \int\limits_{P_1 \times P_2} \frac{x_2 - x_1}{r_1^3}\, dq_1 \times dq_2.$$

Dasselbe gilt für die anderen Komponenten.

b) $F_z = -2\mu_1\mu_2 \int\limits_{D_1 \times C_2} \frac{1}{r_1^3}\, d\sigma_1\, ds_2.$

Aus Symmetriegründen sind die Komponenten in Richtung der x- und der y-Achse Null.

c) $$F_z = -2\mu_1\mu_2 \int\limits_{(0,2\pi)\times(0,2\pi)\times(0,1)} \frac{1}{r_1^3}\, \varrho_1\, d(\theta_1 \times \theta_2 \times \varrho_1)$$

$$= -2\mu_1\mu_2 \int_0^{2\pi}\int_0^{2\pi}\int_0^1 \frac{1}{r_1^3}\, d\theta_1\, d\theta_2\, d\varrho_1.$$

Aufgabe 4. Man verwende das Maß λ definiert durch

$$d\lambda = f\, d\mu.$$

Es gilt offensichtlich

$$\int_P fg\,d\mu = \int_P g\,d\lambda.$$

Die verlangte Formel ist nichts anderes als die Mittelwertsformel, angewandt auf $\int_P g\,d\lambda$.

Aufgabe 5.

a) $$\left|\int_{\alpha}^{a-\varepsilon} f_{a,\varepsilon}(x)\,g(x)\,dx\right| \leqq \operatorname*{Sup}_{[\alpha,a-\varepsilon]} |g(x)| \int_{\alpha}^{a-\varepsilon} |f_{a,\varepsilon}(x)|\,dx,$$

dasselbe gilt für das Integral von $a+\varepsilon$ bis β, daraus folgt die Eigenschaft.

b) $$\left|\int_{a-\varepsilon}^{a+\varepsilon}(g(x)-g(a))\,f_{a,\varepsilon}(x)\,dx\right|$$

$\leqq \operatorname*{Sup}_{[a-\varepsilon,\,a+\varepsilon]} |g(x)-g(a)| \int_{a-\varepsilon}^{a+\varepsilon} |f_{a,\varepsilon}(x)|\,dx$, daraus folgt die Eigenschaft.

c) Nein. $$\int_{a-\varepsilon}^{a+\varepsilon} |f_{a,\varepsilon}(x)|\,dx = \frac{2}{\varepsilon} + 1.$$

d) Man schreibe

$$g(x) = g(a) + (x-a)\,g'(a) + (x-a)\,\eta, \quad \eta \to 0.$$

Das Integral

$$\int_{a-\varepsilon}^{a+\varepsilon} f_{a,\varepsilon}(x)\,g(x)\,dx$$

zerlege man in drei Integrale, die den obigen Ausdrücken entsprechen. Das erste Integral hat den Wert $g(a)$. Das zweite berechnet sich unter Berücksichtigung des

Ausdruckes $f_{a,\varepsilon}(x)$ und geht gegen $g'(a)$. Das dritte läßt sich wieder unter Berücksichtigung der Eigenschaften von $f_{a,\varepsilon}(x)$ abschätzen. Sein Wert geht gegen Null.

Aufgabe 6.

a) $$\int_{a-\varepsilon}^{a+\varepsilon} f_{a,\varepsilon}(x)\, g(x)\, dx = g(a+\varepsilon) - \int_{a-\varepsilon}^{a+\varepsilon} g'(x) \left(\frac{x-a+\varepsilon}{2\varepsilon}\right) dx.$$

b) Die weitere Rechnung ergibt

$$g(a+\varepsilon) - g'(a+\varepsilon)\,\varepsilon + \int_{a-\varepsilon}^{a+\varepsilon} g''(x)\, \frac{(x-a+\varepsilon)^2}{4\varepsilon}\, dx$$

und

$$g(a+\varepsilon) - g'(a+\varepsilon)\,\varepsilon + g''(a+\varepsilon)\, 2\, \frac{\varepsilon^2}{3},$$

wobei der Restterm die Ordnung 3 besitzt. Daraus schließt man auf die endliche Entwicklung

$$g(a) + \frac{1}{6}\, g''(a).$$

c) Man setze

$$\varphi(x) := \int_{a-\varepsilon}^{x} f_{a,\varepsilon}(u)\, du, \quad \Psi(x) := \int_{a-\varepsilon}^{x} \varphi(u)\, du,$$

$$\theta(x) := \int_{a-\varepsilon}^{x} \Psi(u)\, du.$$

Der gesuchte Ausdruck ist

$$g(a+\varepsilon) - g'(a+\varepsilon)\, \Psi(a+\varepsilon) + g''(a+\varepsilon)\, \theta(a+\varepsilon).$$

Die Voraussetzungen für $f_{a,\varepsilon}$ liefern $\varphi(a-u)+\varphi(a+u)=\frac{1}{2}$ und $\Psi(a+\varepsilon)=\varepsilon$, woraus das Ergebnis folgt.

d) Aus den gemachten Voraussetzungen folgt

$$\Psi''(x)\geqq 0,\quad \Psi'(a-\varepsilon)=0,$$

$$\Psi'(a+\varepsilon)=1,\quad \Psi(a-\varepsilon)=0,\quad \Psi(a+\varepsilon)=\varepsilon.$$

Es ist klar (siehe Abb. 13), daß

$$\theta(a+\varepsilon)=\int_{a-\varepsilon}^{a+\varepsilon}\Psi(u)\,du>\frac{\varepsilon^2}{2}.$$

Der Term in $g''(a)$ hat als Koeffizienten $\frac{-\varepsilon^2}{2}+\theta(a+\varepsilon)$ der somit stets positiv ist.

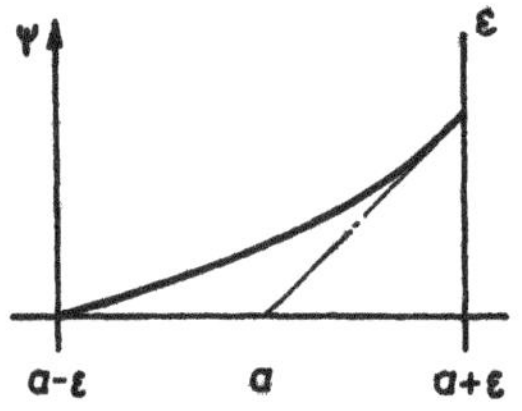

Abb. 13

Aufgabe 7.

a) Die Schwarzsche Ungleichung gibt

$$I_1^2\leqq aI_2.$$

b) $I_{\alpha+\beta}^2\leqq I_{2\alpha}I_{2\beta}$.

Wenn $I_{2\alpha}=0$, also $I_{\alpha+\beta}=0$, so folgt $I_\alpha=0$ für alle $\alpha>0$.

c) Für $|I_\alpha-I_{\alpha'}|\leqq\varepsilon$ genügt $|f^\alpha-f^{\alpha'}|\leqq\frac{\varepsilon}{a}$, was bereits bei $|\alpha - \alpha'| \leqq \eta$ eintritt, da f^{α} in α stetig und da f beschränkt ist.

d) a) $f := 1$; b) $a := 1$, $f := 2$; c) $a := 1$, $f := \frac{1}{2}$.

d) Zwei punktförmige Massen $p := \frac{4}{5}$, $q := \frac{1}{5}$

$$f_p := \frac{1}{2}, f_q := 2.$$

e) Dies ist ein Ergebnis aus der Theorie der konvexen Funktionen, da

$$2J_{\alpha+\beta} \leqq J_{2\alpha} + J_{2\beta}.$$

Man sieht, daß J kein Maximum haben kann. Für

$$\alpha := \frac{n}{2}, \quad \beta := \frac{n}{2} + 1$$

erweist sich $J_{n+1} - J_n$ als zunehmend. Wenn J_α also wächst, so wächst es unbeschränkt.

Aufgabe 8.

a) Alle vollständig integrierten Terme sind Null:

$$\varphi'(x) = \int_0^x \frac{(x-t)^{n-1}}{n-1\,!} f^{(n+1)}(t)\,dt.$$

Für $p := 1, \ldots, n-1, n$

$$\varphi^{(n-p)}(x) = \int_0^x \frac{(x-t)^{n-p}}{n-p\,!} f^{(n+1)}(t)\,dt.$$

b) Speziell gilt

$$\varphi^{(n)}(x) = \int_0^x f^{(n+1)}(t)\,dt = f^{(n)}(x) - f^{(n)}(0).$$

c) Daraus schließt man

$$\varphi^{(n-1)}(x) = f^{(n-1)}(x) - f^{(n-1)}(0) - x f^{(n)}(0) \text{ denn } \varphi^{(n-1)}(0) = 0$$

$$\varphi^{(n-p)}(x) = f^{(n-p)}(x) - f^{(n-p)}(0) - x f^{(n-p+1)}(0)$$

$$\cdots \frac{-x^p}{p!} f^{(n)}(0)$$

$$\varphi(x) = f(x) - f(0) - \frac{x}{1!} f'(0) \cdots - \frac{x^n}{n!} f^{(n)}(0).$$

d) $f(x) = f(0) + \cdots + \frac{x^n}{n!} f^{(n)}(0)$

$$+ \int_0^x \frac{(x-t)^n}{n!} f^{(n+1)}(t)\, dt$$

Man darf schreiben

$$\int_0^x \frac{(x-t)^n}{n!} f^{(n+1)}(t)\, dt = f^{(n+1)}(c) \left[- \frac{(x-t)^{n+1}}{n+1!} \right]_0^x$$

$$= \frac{x^{n+1}}{n+1!} f^{(n+1)}(c).$$

(Dieser Beweis benutzt die Stetigkeit von $f^{(n+1)}(t)$, die bei einer direkten Herleitung des Restgliedes nicht vorausgesetzt werden muß.)

e) $F^{(p)}(x) = \int_0^x \frac{(x-t)^{p-1}}{p-1!} f(t)\, dt.$

Aufgabe 9.

a) Direkte Berechnung.

b) Man muß zweimal unter dem Summenzeichen nach x und nach y ableiten können, was in diesem Fall gestattet ist.

c) $$I(x, y) = \frac{x(e^x \cos y - 1) + y e^x \sin y}{x^2 + y^2}.$$

Die Berechnung der Ableitungen ist aufwendig. Man kann die Rechnung vereinfachen, wenn man beachtet, daß $I(x, y)$ der Realteil von $\frac{e^{x+iy} - 1}{x + iy}$ ist.

Die Ableitung nach x gibt

$$\frac{e^{x+iy}}{x + iy} - \frac{e^{x+iy}}{(x + iy)^2}$$

und $$\frac{e^{x+iy}}{x + iy} - \frac{2e^{x+iy}}{(x + iy)^2} + \frac{2(e^{(x+iy)} - 1)}{(x + iy)^3}.$$

Die Ableitung nach y liefert dasselbe Ergebnis, jedoch mit $-i$ multipliziert. Es handelt sich daher wirklich um eine Lösung der partiellen Differentialgleichung.

d) Man findet

$$I(0, 0) = 1, \quad I'_x(0, 0) = \frac{-1}{2}, \quad I'_y(0,0) = 0,$$

$$I''_{x^2} = \frac{1}{3}, \qquad I''_{xy} = 0, \qquad I''_{y^2} = \frac{-1}{3}.$$

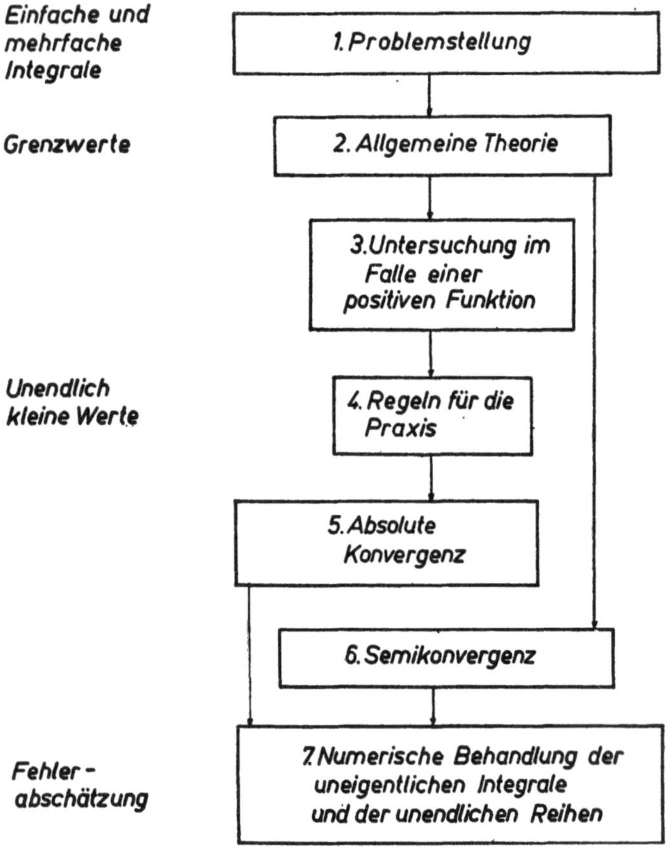

Einfache und mehrfache Integrale
1. Problemstellung
Grenzwerte
2. Allgemeine Theorie
3. Untersuchung im Falle einer positiven Funktion
Unendlich kleine Werte
4. Regeln für die Praxis
5. Absolute Konvergenz
6. Semikonvergenz
Fehler-abschätzung
7. Numerische Behandlung der uneigentlichen Integrale und der unendlichen Reihen

KAPITEL II

Uneigentliche Integrale. Unendliche Reihen

1. Problemstellung

1.1. Grenzen der Integrationstheorie

Die Integrationstheorie, die wir eben dargestellt haben, unterliegt zwei Beschränkungen.

a) Es wird vorausgesetzt, daß die Menge der Unstetigkeitspunkte das Maß Null hat. Mit Hilfe des Begriffes des „LEBESGUEschen Integrals" ist es möglich, die durch Unstetigkeiten bedingten Schwierigkeiten zum Teil zu vermeiden. Wir werden davon in diesem Kapitel Gebrauch machen.

b) Es wird vorausgesetzt, daß der Integrationsbereich beschränkt ist, ebenso wie das dort definierte Maß und die Funktion, über die zu integrieren ist.

Ausdrücke wie

$$\int_0^1 \frac{dx}{\sqrt{x}}, \quad \int_1^\infty \frac{dx}{x^2}, \quad \iiint_S \frac{dq}{\sqrt{x^2+y^2+z^2}}$$

(S Oberfläche der Einheitskugel um den Ursprung) haben vorläufig keinen Sinn.

Die angeführten Einschränkungen sind uns durch die Verwendung der Grundsumme zur Definition eines Integrals auferlegt.

Übung 1. Man zeige, daß man die folgenden Ausdrücke nicht mit Hilfe von endlichen Grundsummen definieren kann

$$\text{a)} \int_0^1 \frac{dx}{\sqrt{x}}, \qquad \text{b)} \int_1^\infty \frac{dx}{x^2}.$$

1.2. Unendliche Reihen

Wir haben gesehen, daß man eine endliche Summe, wie

$$f(1) + f(2) + f(3),$$

als Integral betrachten kann. Man hat dazu nur an den Punkten 1, 2, 3 eine Masse 1 zu setzen. Dadurch wird ein Maß μ definiert und jedes Integral $\int f\,d\mu$ über eine Menge, die 1, 2, 3 enthält, ist gleich der obigen Summe. Betrachten wir nun die ganzzahligen Punkte 1, 2, ..., n, ... Der Ausdruck $\sum_{i:=1}^{\infty} f(i)$ hat vorläufig nicht die Bedeutung einer Summe. Er hat auch vorläufig nicht die Bedeutung eines Integrals, da das entsprechende Maß nicht beschränkt ist.

Ein derartiger Ausdruck heißt *einfache Reihe*. $f(i)$ heißt *allgemeines Glied* der Reihe.

1.3. Mehrfache Reihe

Allgemeiner kann man Punkte mit mehreren Komponenten betrachten:

$$\sum_{i:=1,\, j:=1}^{\infty\,\infty} f(i, j), \qquad \sum_{i:=1,\, j:=1,\, k:=1}^{\infty\,\infty\,\infty} f(i, j, k).$$

Man erhält dadurch eine *Doppelreihe*, eine *dreifache Reihe*, im allgemeinen also eine *mehrfache Reihe*.

Es treten öfters auch allgemeinere Fälle auf, wie zum Beispiel $\sum_{i,j} f(i, j)$ mit $i \leqq j^2$.

1.4. *Plan für das weitere Studium*

Wir gehen nun daran, den Begriff des uneigentlichen Integrals bezüglich eines Maßes einzuführen, und passen diesen Begriff in der Folge dem gewöhnlichen einfachen Integral oder Doppelintegral bzw. der einfachen Reihe oder Doppelreihe an.

2. Allgemeine Theorie

2.1. *Problemstellung*

Wir betrachten in der Folge einen möglicherweise nicht beschränkten Bereich P, auf dem ein (möglicherweise nicht beschränktes) Maß μ und eine (möglicherweise nicht beschränkte) Funktion f definiert ist.

Wir nehmen an, daß jeder Punkt von P Mittelpunkt einer Kugel S ist, so daß gilt:

a) $\mu(S)$ existiert,

b) f ist beschränkt in $S \cap P$.

Beispiel. P sei die Halbgerade $(0, \infty)$ und f die Funktion $1/x$, das Maß sei die Intervallänge. Die Voraussetzungen sind erfüllt. Dies gilt jedoch nicht für die Halbgerade $[0, \infty)$, selbst nicht unter der zusätzlichen Definition

$$f(0) := 1,$$

denn in der Nachbarschaft von 0 ist die Funktion beschränkt.

Betrachten wir nun die Folge der ganzen Zahlen 1, 2, ..., n, ... mit einer Masse 1 in jedem der entsprechenden Punkte. Die Voraussetzungen sind erfüllt.

Schließlich betrachten wir die Punkte 1/2, 1/3, ...,

$1/n, \ldots$ mit einer Masse 1 in den entsprechenden Punkten. $f(x)$ sei 1.

Unsere Voraussetzungen sind noch erfüllt. Sie wären es nicht mehr, würde man den Punkt 0 mit einer Masse 0 hinzunehmen.

2.2. Reguläre Folge von Teilmengen

Eine *reguläre Folge von Teilmengen* von P für die Funktion f und das Maß μ heißt eine Folge nicht abnehmender Teilmengen

$$P_1 \subseteq P_2 \cdots \subseteq P_n \subseteq \cdots$$

mit den folgenden Eigenschaften:

a) $\lim_{n\to\infty} P_n = P$,

b) das Integral $\int_P f\, d\mu$ existiert im Sinne von Kapitel I.

Beispiele. a) Für das Maß 1 in den Punkten mit der Abszisse $1, 2, \ldots, n, \ldots$ und eine beschränkte Funktion nehmen wir zum Beispiel

$$P_n := \{1, \ldots, n\}.$$

b) Für die Halbgerade $[0, \infty)$, der Länge als Maß und eine beschränkte Funktion nehmen wir zum Beispiel

$$P_n := [0, n].$$

c) Für die volle Ebene, dem Flächeninhalt als Maß und eine beschränkte Funktion nehmen wir zum Beispiel für P_n das Innere eines Kreises um den Ursprung mit dem Radius n.

d) Für den ersten Quadranten mit Ausschluß der Achsen, dem Flächeninhalt als Maß und eine auf den

Achsen nicht beschränkte Funktion nehmen wir zum Beispiel für P_n die durch

$$x \geqq \frac{1}{n}, \; y \geqq \frac{1}{n}, \; x^2 + y^2 \leqq n^2$$

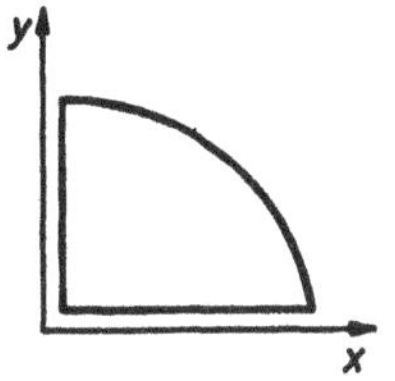

Abb. 1

definierten Mengen.

e) Für die in $[-1, 1]$ durch

$$f(x) := \begin{cases} 0, & \text{wenn } x < 0 \\ \frac{1}{2}, & \text{wenn } x = 0 \\ 1, & \text{wenn } x > 0 \end{cases}$$

definierte Funktion und für das durch die Masse 1 im Ursprung definierte Maß nehmen wir zum Beispiel für P_n die Vereinigung der Intervalle $[-1, -1/n]$, $[1/n, 1]$ mit dem Punkt 0.

2.3. *Uneigentliches Integral im Sinne der Konvergenz*

Wir betrachten die beiden folgenden Bedingungen:

a) Für jede reguläre Folge von Teilmengen von P für die Funktion f und das Maß μ sei $\int\limits_{P_n} f \, d\mu$ konvergent.

b) Alle diese Folgen haben denselben Limes I.

Wenn diese beiden Bedingungen erfüllt sind, so sagt

man, $I := \int\limits_P f\, d\mu$ sei ein *uneigentliches Integral über f in P relativ zum Maß μ im Sinne der Konvergenz.*

Bemerkung. In mißbräuchlicher Verwendung der Sprache sagt man häufig, das Integral,

$$\int\limits_P f\, d\mu$$

sei *konvergent.*

Bemerkung. Da wir später den Begriff der Semikonvergenz einführen wollen, so bezeichnen wir das Gegenteil von Konvergenz als *Nicht-Konvergenz*, wodurch der Ausdruck Divergenz, der Zweideutigkeiten schaffen kann, vermieden wird.

Übung 2. Man zeige, daß jedes Integral im Sinne von Kapitel I ein uneigentliches Integral im Sinne der Konvergenz ist.

Beispiel: Wir betrachten die Funktion

$$f(n) := (-1)^n$$

und das Maß, das von der Masse 1 in jedem der Punkte mit der Abszisse $1, \ldots, n, \ldots$ erzeugt wird. Die Teilmengen $\{1, 2, \ldots, 2n\}$ geben

$$\sum_{k:=1}^{2n} (-1)^k = 0 .$$

Die Teilmengen $\{1, 2, \ldots, 2n - 1\}$ geben jedoch

$$\sum_{k:=1}^{2n-1} (-1)^k = -1 .$$

Damit ist gezeigt, daß keine Konvergenz vorliegt.

2.4. *Haupteigenschaften der Konvergenz*

a) Wenn k eine Konstante ist, so folgt aus der Konvergenz von

$$\int\limits_P f\, d\mu$$

die Konvergenz von

$$\int_P k f \, d\mu .$$

b) Wenn f und g dieselben regulären Folgen besitzen, so folgt aus der Konvergenz von

$$\int_P f \, d\mu \quad \text{und} \quad \int_P g \, d\mu$$

die Konvergenz von

$$\int_P (f + g) \, d\mu$$

und die Identität

$$\int_P (f + g) \, d\mu = \int_P f \, d\mu + \int_P g \, d\mu .$$

Diese beiden Eigenschaften sind evident.

Übung 3. Man drücke diese Ergebnisse in der Sprache der Vektorräume aus.

Übung 4. Man zeige, daß für die uneigentlichen Integrale im Sinne der Konvergenz die Formel für die Transformation der Maße ihre Gültigkeit behält.

3.1. Additivität bezüglich der Teilmengen

Wir geben ohne Beweis die beiden folgenden Ergebnisse an:

a) Wenn das uneigentliche Integral

$$\int_P f \, d\mu$$

im Sinne der Konvergenz existiert und wenn S und T zwei meßbare Bereiche sind, die eine Teilmenge von P bilden, so existieren die uneigentlichen Integrale

$$\int_S f \, d\mu, \quad \int_T f \, d\mu$$

(siehe Aufgabe I).

b) Die folgenden Voraussetzungen mögen erfüllt sein:

α) Für den Bereich P, die Funktion f und das Maß μ existiert mindestens eine reguläre Folge P_n.

β) Es gibt eine Aufteilung von P in zwei Untermengen S und T, für die die uneigentlichen Integrale im Sinne der Konvergenz existieren:

$$\int_S f\,d\mu, \int_T f\,d\mu.$$

Man kann beweisen, daß aus diesen Voraussetzungen folgt, daß das uneigentliche Integral

$$\int_P f\,d\mu$$

im Sinne der Konvergenz existiert und daß gilt

$$\int_P f\,d\mu = \int_S f\,d\mu + \int_T f\,d\mu \quad \text{(siehe Aufgabe I).}$$

3.2. *Anwendungen*

a) Wir betrachten

$$\int_0^\infty \frac{dx}{x}.$$

Es handelt sich also um das Intervall $(0, \infty)$ mit zwei unterschiedlichen Schwierigkeiten:

unendliches Intervall,
im Ursprung nicht beschränkte Funktion.

Nach dem vorangehenden Theorem lassen sich die beiden Schwierigkeiten trennen. Wir studieren einerseits

$$\int_0^1 \frac{dx}{x}, \text{ andererseits } \int_1^\infty \frac{dx}{x}.$$

b) In den Punkten mit ganzzahligen Abszissen (positiv, negativ und Null) sei eine Masse vom Betrag 1 konzentriert. In diesen Punkten sei eine beschränkte Funktion definiert. Wir können die Mengen $0, 1, \ldots, n, \ldots$ und $-1, -2, \ldots, -p, \ldots$ getrennt untersuchen.

3. Studium einer positiven Funktion

In diesem Abschnitt gehen wir an das Studium des Falles, in dem die zu integrierende Funktion die Bedingung

$$f \geqq 0$$

erfüllt.

4.1. Hinweis auf bekannte Eigenschaften nicht abnehmender Folgen

$u(n)$ sei eine nicht abnehmende Folge, d. h., es gelte

$$n \geqq n' \Rightarrow u(n) \geqq u(n').$$

Bei einer derartigen Folge sind nur zwei Fälle möglich:

$u(n)$ ist nach oben unbeschränkt,

$u(n)$ besitzt eine obere Schranke, die gleichzeitig der Grenzwert der Folge ist.

4.2. Eigenschaften von Integralen über positive Funktionen

f sei eine Funktion in P, für die gilt

$$f \geqq 0$$

und die Folgen

$$P_1 \subseteq P_2 \subseteq \cdots \subseteq P_n \cdots,$$
$$Q_1 \subseteq Q_2 \subseteq \cdots \subseteq Q_n \cdots$$

seien zwei reguläre Folgen von Teilmengen von P. Für eine feste Teilmenge P_n setzen wir

$$K := \int_{P_n} f \, d\mu .$$

Wir wollen beweisen, daß

$$\forall \varepsilon \, \exists n' \left[\varepsilon > 0 \Rightarrow \int_{Q_{n'}} f \, d\mu \geqq K - \varepsilon \right].$$

Setzen wir

$$R_{n'} := P_n - (Q_{n'} \cap P_n).$$

Da die Folge $Q_{n'}$ wachsend ist, ist die Folge der $R_{n'}$ abnehmend. Aus $\lim\limits_{n' \to \infty} Q_{n'} = P$ schließt man

$$\lim_{n' \to \infty} R_{n'} = \emptyset .$$

Daraus folgt

$$\lim_{n' \to \infty} \int_{Q_{n'} \cap P_n} f \, d\mu = \int_{P_n} f \, d\mu = K,$$

und damit gilt für ein passendes n'

$$\int_{Q_{n'} \cap P_n} f \, d\mu \geqq K - \varepsilon .$$

Für dasselbe n' gilt, da f positiv ist,

$$\int_{Q_{n'}} f \, d\mu \geqq K - \varepsilon .$$

4.3. Notwendige und hinreichende Bedingung für die Konvergenz einer positiven Funktion

Für die Existenz des uneigentlichen Integrals

$$\int_P f\,d\mu, \qquad f \geqq 0$$

ist notwendig und hinreichend, daß für eine spezielle reguläre Folge von Teilmengen P_n die Folge

$$\int_{P_n} f\,d\mu$$

beschränkt ist.

Die Bedingung ist offensichtlich notwendig.

Wir wollen zeigen, daß sie auch hinreichend ist.

Nehmen wir an, daß die reguläre Folge P_n einen Grenzwert K besitzt und daß die Integrale über die Mengen der regulären Folge Q_n nicht beschränkt seien:

$$\forall M\, \exists n \left[\int_{Q_n} f\,d\mu \geqq M \right].$$

Auf Grund des Ergebnisses aus 4.2 gilt

$$\forall \varepsilon\, \exists n' \left[\varepsilon > 0 \Rightarrow \int_{P_{n'}} f\,d\mu \geqq M - \varepsilon \right].$$

Das ist jedoch ein Widerspruch, z. B. für $m := K + 1$, $\varepsilon := 0{,}1$.

Die Folge der Q_n hat also einen Grenzwert L. Wir wollen zeigen, daß $L = K$.

Wenn das nicht wahr wäre, so hätte man etwa $L > K$.

$$\forall \varepsilon\, \exists n \left[\varepsilon > 0 \Rightarrow \int_{Q_n} f\,d\mu \geqq L - \varepsilon \right]$$

und

$$\forall \varepsilon'\, \exists n' \left[\varepsilon' > 0 \Rightarrow \int_{P_{n'}} f\,d\mu \geqq L - \varepsilon - \varepsilon' \right].$$

Das liefert einen Widerspruch, wenn man setzt

$$\varepsilon := \varepsilon' := \frac{L - K}{3}.$$

Übung 5. Man beweise die Konvergenz von $\int\limits_{[-1,1]} f\, d\mu$, wo die Funktion f und das Maß μ wie in Beispiel f) von 2.2 definiert sind.

5.1. *Vergleichstheorem*

f und g seien positive Funktionen mit $f \geqq g$ in P. Aus der Konvergenz von $\int\limits_P f\, d\mu$ folgt die Konvergenz von $\int\limits_P g\, d\mu$, aus der Nicht-Konvergenz von $\int\limits_P g\, d\mu$ folgt die von $\int\limits_P f\, d\mu$.

Es gilt nämlich

$$\int\limits_{P_n} f\, d\mu \geqq \int\limits_{P_n} g\, d\mu,$$

also

$$\forall n \left[\int\limits_{P_n} f\, d\mu \leqq M\right] \Rightarrow \forall n \left[\int\limits_{P_n} g\, d\mu \leqq M\right],$$

und damit ist die Behauptung bewiesen.

5.2. *Folgerungen für die Praxis*

Bei positiven Funktionen ist es in zahlreichen Fällen möglich, die Konvergenz oder Nicht-Konvergenz des Integrals in P durch Vergleich mit dem entsprechenden Ausdruck für eine positive Funktion zu beweisen, für die dasselbe Problem bereits gelöst ist.

5.3. Verwendung von äquivalenten Funktionen

Nehmen wir an, daß für die positiven Funktionen f und g der Bruch $\frac{f}{g}$ in einer Umgebung der Schwierigkeitsstelle gegen 1 geht. Präziser ausgedrückt, wir nehmen an, daß

$$\forall \varepsilon\, \exists n \left[\varepsilon > 0 \Rightarrow \left|\frac{f}{g} - 1\right| \leqq \varepsilon \quad \text{in} \quad P - P_n\right].$$

In $P - P_n$ gilt dann

$$(1 - \varepsilon)\, g \leqq f \leqq (1 + \varepsilon)\, g,$$

und die uneigentlichen Integrale

$$\int\limits_{P-P_n} f\, d\mu \quad \text{und} \int\limits_{P-P_n} g\, d\mu$$

sind daher von derselben Natur. Dies gilt dann aber auch für

$$\int\limits_P f\, d\mu \quad \text{und} \quad \int\limits_P g\, d\mu .$$

Aufgabe 1.

Man betrachte die Folge $u_1, u_2, \ldots, u_n, \ldots$.

a) Die Folge sei vorerst als nach oben unbeschränkt vorausgesetzt. Man zeige, daß man dann eine zunehmende Teilfolge $u_{i_1}, \ldots, u_{i_p}, \ldots$ auswählen kann, die den folgenden Bedingungen genügt:

$$u_{i_1} \geqq 1, \quad u_{i_p} \geqq p \quad \text{mit} \quad i_p > i_{p-1}.$$

b) Die Folge sei dem Betrag nach beschränkt. Man setze

$$v_n := \operatorname*{Sup}_{i \geq n} (u_i) \quad \text{und} \quad w_n := \operatorname*{Inf}_{i \geq n} (u_i).$$

Man zeige, daß die Folge v_n nicht zunehmend, die Folge w_n nicht abnehmend ist.

c) v und w seien die Grenzwerte dieser Folgen. Man zeige, daß die Folge u_n dann und nur dann konvergiert, wenn $v = w$ ist.

d) Man zeige, daß man zu gegebenen positiven ε aus der Folge u_n eine Teilfolge auswählen kann, die den folgenden Bedingungen genügt:

$$u_{i_1} \geqq v - \varepsilon, \quad u_{i_p} \geqq v - \frac{\varepsilon}{2^p} \quad \text{mit} \quad i_p > i_{p-1}.$$

Man zeige, daß diese Folge gegen v konvergiert.

e) Man betrachte die beiden Folgen $r_1, \ldots, r_p \ldots$ und $s_1, \ldots, s_q, \ldots$ und bilde die Summen $r_p + s_q$. Man zeige, daß für die Existenz einer Zahl l mit der Eigenschaft

$$\forall \varepsilon \exists N [\varepsilon > 0 \quad \text{und} \quad p \geqq N \quad \text{und}$$
$$q \geqq N \Rightarrow |r_p + s_q - l| \leqq \varepsilon]$$

notwendig und hinreichend ist, daß jede der Folgen konvergiert.

f) Aus dem Vorangehenden leite man das Ergebnis von Kap. I, 8.1 ab.

g) Aus dem Vorangehenden leite man die Ergebnisse aus 3.1 ab.

Aufgabe 2.

Man betrachte ein Maß μ und eine auf $(-\infty, \infty)$ definierte Funktion f mit $f(t) \geqq 0 \; |f(t)| \leqq M$.

Beide Größen seien periodisch mit der Periode T, d. h., es gelte

$$f(t + T) = f(t)$$

$$\int_a^b d\mu = \int_{a+T}^{b+T} d\mu. \quad \text{Man setze} \int_0^T f\, d\mu = k \int_0^T d\mu.$$

$g(t)$ sei eine auf $(-\infty, \infty)$ definierte und abnehmende Funktion.

a) Man zeige, daß

$$M \int_a^{a+T} g\,d\mu \geqq \int_a^{a+T} fg\,d\mu \geqq k \int_{a+T}^{a+2T} g\,d\mu.$$

b) Man schließe daraus, daß

$$\int_0^\infty fg\,d\mu \quad \text{und} \quad \int_0^\infty g\,d\mu$$

bis auf einen Ausnahmefall gleichzeitig konvergieren.

c) Das vorangehende Ergebnis benutze man zur Vereinfachung der Untersuchung des uneigentlichen Integrals $\int_0^\infty \frac{|\sin x|\,dx}{1+x^2}$ und der Reihe mit dem allgemeinen Glied

$$u_n := \frac{\cos^2 \frac{n\pi}{6}}{n^2 + \cos n\pi}.$$

Aufgabe 3.

a) Man betrachte die für $t \geqq 0$ durch $n := 1, 2, 3, \ldots$

$$f(t) := \begin{cases} n \text{ für } t \in \left[n, n + \frac{1}{n\,2^n}\right] \\ 0 \text{ überall sonst} \end{cases}$$

definierte Funktion. Man zeige, daß $\int_0^\infty f(t)\,dt$ konvergiert.

b) Ist eine Funktion, deren Integral über eine Halbgerade konvergiert, notwendig beschränkt?

c) Man zeige im Gegensatz dazu, daß eine Reihe nur dann konvergiert, wenn ihre Glieder eine Nullfolge bilden.

4. Regeln für die Praxis im Falle einer positiven Funktion

6.1. *Vereinfachungen*

Bei einer positiven Funktion genügt es, anzugeben, daß das Integral existiert oder nicht existiert, ohne hinzuzufügen „im Sinne der Konvergenz“.

Wenn keine Konvergenz vorliegt, so sind nämlich die Integrale $\int\limits_{P_n} f\, d\mu$ nicht beschränkt, und man kann $\int\limits_{P} f\, d\mu$ auf keine vernünftige Art einen Sinn zuschreiben.

6.2. *Verwendung einer stetigen Familie von Teilmengen*

Um eine positive Funktion zu behandeln, genügt es, eine einzige Folge von Teilmengen

$$P_1 \subseteq P_2 \cdots \subseteq P_n \cdots$$

zu betrachten. Man benutzt dabei vorteilhaft Teilmengen, die zu einer Familie P von Mengen gehören, die von einem kontinuierlichen Parameter abhängen mit der Eigenschaft

$$\lambda > \lambda' \Rightarrow P_\lambda \supseteq P_{\lambda'}$$

$$\lim_{\lambda \to \Lambda} P_\lambda = P.$$

Für die ursprüngliche Theorie genügt es, wenn man wählt

$$\lambda_1 \leqq \lambda_2 \cdots \leqq \lambda_n \leqq \cdots$$

$$\lim_{n \to \infty} \lambda_n = \Lambda$$

6.3. *Einfache Integrale von Funktionen über eine Halbgerade* $[a, \infty)$

Die benutzten Teilmengen P_λ sind stets die Intervalle $[a, \lambda]$.

a) Das uneigentliche Integral

$$\int_a^\infty e^{-\alpha t}\, dt$$

existiert für $\alpha > 0$, es existiert nicht für $\alpha \leqq 0$.

Es gilt nämlich

$$\int_a^\lambda e^{-\alpha t}\, dt = \begin{cases} \dfrac{e^{-\alpha a} - e^{-\alpha\lambda}}{\alpha}, & \text{wenn } \alpha \neq 0, \\ \lambda - a, & \text{wenn } \alpha = 0. \end{cases}$$

Wenn λ gegen Unendlich geht, so hat der erste Ausdruck für $\alpha > 0$ einen Grenzwert, der zweite nicht.

b) Das uneigentliche Integral

$$\int_1^\infty \frac{dt}{t^\alpha}$$

existiert für $\alpha > 1$, es existiert nicht für $\alpha \leqq 1$. Es gilt nämlich

$$\int_1^\lambda \frac{dt}{t^\alpha} = \begin{cases} \dfrac{1}{1-\alpha}\left(\dfrac{1}{\lambda^{\alpha-1}} - 1\right), & \text{wenn } \alpha \neq 1 \\ \log \lambda, & \text{wenn } \alpha = 1. \end{cases}$$

Wenn λ gegen Unendlich geht, hat der erste Ausdruck für $\alpha > 1$ einen Grenzwert, der zweite nicht.

Übung 6. Man zeige, daß dann, wenn eine auf $[a, \infty)$ definierte wachsende Funktion differenzierbar ist und wenn gilt

$$\lim_{x \to \infty} f(x) \text{ existiert,}$$

das uneigentliche Integral

$$f'(x)\,dx \text{ existiert.}$$

Man wende das Ergebnis auf die Funktionen

$$\frac{x}{\sqrt{1 + x^2}}, \quad \tanh x$$

an.

Übung 7. Man untersuche die Ausdrücke

$$\text{a)} \int_0^\infty \frac{dx}{1 + x^2}, \quad \text{b)} \int_0^\infty \frac{x\,dx}{1 + x^2}, \quad \text{c)} \int_0^\infty \frac{dx}{\sqrt{1 + x^2}}.$$

6.4. *Folgerungen*

a) Wenn für eine positive Funktion auf $[a, \infty)$ gilt

$$f(x) \leqq A e^{-\alpha x}, \qquad \alpha > 0,$$

oder

$$f(x) \leqq B x^{-\alpha}, \quad \alpha > 1, \quad a > 0,$$

so existiert das uneigentliche Integral $\int_a^\infty f(x)\,dx$.

Beispiel. Wir betrachten

$$\int_1^\infty \frac{dx}{1 + x^2}.$$

Für alle x gilt

$$\frac{1}{1+x^2} \leqq \frac{1}{x^2}.$$

Das angeführte Integral ist also konvergent.

Übung 8. Läßt sich auf diese Weise auch das Integral

$$\int_0^\infty \frac{dx}{1+x^2}$$

untersuchen?

b) f sei eine auf $[a, \infty)$ definierte positive Funktion. Für x gegen Unendlich gelte

$$f(x) \sim \frac{A}{x^\alpha}.$$

Das Integral

$$\int_a^\infty f(x)\,dx \quad \begin{cases} \text{konvergiert für } \alpha > 1, \\ \text{konvergiert nicht für } \alpha \leqq 1. \end{cases}$$

Für x gegen unendlich gelte

$$f(x) \sim A\,e^{-\alpha x}.$$

Das Integral

$$\int_a^\infty f(x)\,dx \quad \begin{cases} \text{konvergiert, wenn } \alpha > 0, \\ \text{konvergiert, nicht wenn } \alpha \leqq 0. \end{cases}$$

Übung 9. Man untersuche

$$\int_2^\infty \frac{dx}{\alpha^2 - 1}$$

7.1. Integrale über unbeschränkte Funktionen in einem beschränkten Intervall

Wir betrachten das Intervall $(a, b.]$ Die Funktion f sei beschränkt in $[a + \varepsilon, b]$, $\varepsilon > 0$. Wir setzen $P_\lambda := [a + \lambda, b]$.

7.2. Beispiel für ein Vergleichsintegral

Das Integral

$$\int_0^1 \frac{dx}{x^\alpha} \begin{cases} \text{konvergiert für } \alpha < 1, \\ \text{konvergiert nicht für } \alpha \geqq 1. \end{cases}$$

Es gilt nämlich

$$\int_\lambda^1 \frac{dx}{x^a} = \begin{cases} \frac{1}{1-a}\left(1 - \frac{1}{\lambda^{a-1}}\right), & \text{wenn } a \neq 1 \\ -\log \lambda, & \text{wenn } a = 1. \end{cases}$$

Wenn λ gegen Null geht, so hat der erste Ausdruck einen Grenzwert, wenn $\alpha < 1$, hat der zweite keinen Grenzwert.

Übung 10. Man untersuche

$$\int_0^1 \frac{\sin x}{1 - \cos x}\, dx.$$

8.1. Beispiel für einfache konvergente Reihen

Für P_n nehmen wir $\{1, \ldots, n\}$ oder $\{0, 1, \ldots, n\}$, je nachdem, ob die Indizierung bei 1 oder bei 0 beginnt.

Die Reihe mit dem allgemeinen Glied $u_n := aq^n$, $a > 0$,

$q \in (0, 1)$ ist eine geometrische Reihe mit dem Verhältnis q

$$\sum_{k:=0}^{n} aq^k = a \frac{(1 - q^{n+1})}{1 - q},$$

die gegen $\frac{a}{1 - q}$ strebt, wenn n gegen unendlich geht. Diese Reihe ist daher konvergent.

8.2. *Eine Reihe, die einem einfachen Integral zugeordnet ist*

Wir betrachten die Funktion $f(x)$, die auf $[0, \infty)$ definiert und dort positiv ist:

$$u_n := \int_{n}^{n+1} f(x)\, dx.$$

Dieser Ausdruck ist das allgemeine Glied einer Reihe, für die die Summe der ersten n Glieder den Wert

$$\sum_{i:=0}^{n} u_i = \int_{0}^{n+1} f(x)\, dx$$

besitzt. Die Reihe mit dem allgemeinen Glied u_n und das Integral

$$\int_0^x f(t)\, dt$$

konvergieren daher gleichzeitig. Man erhält also konvergente Reihen, wenn man von konvergenten Integralen ausgeht.

8.3. *Oft gebrauchte Vergleichsreihen*

Wir betrachten das Integral

$$\int_1^\infty \frac{dx}{x^\alpha} \begin{cases} \text{konvergent für } \alpha > 1, \\ \text{nicht konvergent für } \alpha \leqq 1. \end{cases}$$

Dasselbe gilt für die Reihe mit den allgemeinen Gliedern

$$u_n := \int_n^{n+1} \frac{dx}{x^\alpha}.$$

Nach der Mittelwertsformel gilt

$$\frac{1}{(n+1)^\alpha} \leqq \int_n^{n+1} \frac{dx}{x^\alpha} \leqq \frac{1}{n^\alpha}.$$

Die Reihe mit dem allgemeinen Glied

$$v_n := \frac{1}{n^\alpha}$$

konvergiert daher für $\alpha > 1$ und konvergiert nicht für $\alpha \leqq 1$.

Übung 11. Konvergiert die Reihe mit dem allgemeinen Glied $v_n := 1 - \cos \frac{1}{n}$?

Übung 12. Konvergiert die Reihe mit dem allgemeinen Glied $w_n := \sqrt{n+1} - \sqrt{n}$?

9.1. Abgeleitete Kriterien

Oft studiert man unendliche Reihen mit positiven Gliedern an Hand der Kriterien, die von vorausgehenden Kriterien abgeleitet sind, und die man daher *abgeleitete Kriterien* nennt. In diesem Fall benutzt man die Vergleichsreihe nur indirekt.

9.2. Das CAUCHY*sche Kriterium*

Wenn ab einem bestimmten Index

$$\sqrt[n]{u_n} \leqq a < 1$$

gilt, so konvergiert die Reihe mit dem allgemeinen Glied u_n.

Wenn ab einem bestimmten Index

$$\sqrt[n]{u_n} \geqq a > 1$$

gilt, so konvergiert die Reihe mit dem allgemeinen Glied u_n nicht.

Ab einem gewissen Index gilt nämlich:

Im ersten Fall ist $u_n \leqq a^n < 1$; die Reihe mit dem allgemeinen Glied u_n ist daher konvergent;

im zweiten Fall ist $u_n \geqq a^n > 1$; die Reihe mit dem allgemeinen Glied u_n ist daher nicht konvergent.

Zusatz. Wenn

$$a := \lim_{n\to\infty} \sqrt[n]{u_n}$$

existiert, so ist die Reihe mit dem allgemeinen Glied u_n
konvergent, wenn $a < 1$,
nicht konvergent, wenn $a > 1$.

Bemerkung. Man kann daraus nichts über den Fall $a := 1$ aussagen.

Übung 13. Man zeige, daß die Reihe mit dem allgemeinen Glied $u_n := 1/n!$ konvergiert.

9.3. Das Kriterium von D'ALEMBERT

Wenn ab einem bestimmten Index i

$$\frac{u_{n+1}}{u_n} \leqq a < 1$$

gilt, so ist die Reihe mit dem allgemeinen Glied u_n konvergent.

Wenn ab einem bestimmten Index i

$$\frac{u_{n+1}}{u_n} \geqq a \geqq 1$$

gilt, so ist die Reihe mit dem allgemeinen Glied u_n nicht konvergent.

Es gilt nämlich für $n \geqq i$:

Im ersten Fall ist $u_n \leqq a^{n-i} u_i$. Die Reihe mit dem allgemeinen Glied a^{n-i} konvergiert, da $a < 1$. Somit konvergiert auch die vorgelegte Reihe;

im zweiten Fall ist $u_n \geqq a^{n-i} u_i$. Die Reihe mit dem allgemeinen Glied a^{n-i} konvergiert nicht, da $a > 1$. Die vorgelegte Reihe konvergiert daher auch nicht.

Zusatz. Wenn

$$a := \lim_{n\to\infty} \frac{u_{n+1}}{u_n}$$

existiert, so ist die Reihe mit dem allgemeinen Glied u_n
konvergent für $a < 1$,
aber nicht konvergent für $a > 1$.

Bemerkung. Für den Fall $a := 1$ kann man daraus nichts schließen.

Übung 14. Man zeige, daß die Reihe mit dem allgemeinen Glied $u_n := 1/n!$ konvergiert.

10.1. Doppelintegrale über einen unendlichen Bereich

Hier ist es weniger einfach, Vergleichsintegrale anzugeben, denn diese hängen von der betrachteten Teilmenge P ab.

Wir betrachten jedoch das Integral

$$\iint_P \frac{dx\,dy}{(x^2 + y^2)^\alpha}$$

über die Teilmenge P von Abb. 2, d. h. über den Teil eines Winkels mit dem Zentrum O außerhalb des angegebenen Kreises (der Winkel kann gleich 2π sein; in diesem Fall fallen seine Schenkel zusammen).

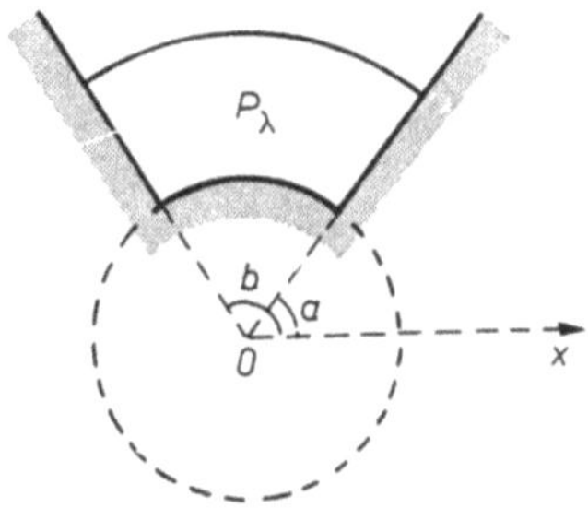

Abb. 2

Als Mengen P_λ verwenden wir die durch Kreise mit dem Zentrum O und dem Radius R_λ beschränkten Bereiche. Das Integral

$$\iint_P \frac{dx\,dy}{(x^2+y^2)^\alpha}$$

lautet in Polarkoordinaten

$$\int_a^b d\theta \times \int_1^{R_\lambda} \frac{d\varrho}{\varrho^{2\alpha-1}},$$

wobei a und b die Werte der Polarwinkel der Schenkel des Winkels sind. Dafür schreibt man auch

$$(b-a)\int_1^{R_\lambda} \frac{d\varrho}{\varrho^{2\alpha-1}}.$$

Das Integral konvergiert nicht für $2\alpha - 1 > 1$, d. h. für $\alpha > 1$

Übung 15. Man untersuche das Integral

$$\iint \frac{dx\,dy}{(1+x+y)^\alpha}$$

über den ersten Quadranten.

10.2. Doppelintegrale über im Ursprung nicht beschränkte Funktionen

Wir untersuchen das über den Einheitskreis ohne den Ursprung genommene Integral

$$\iint \frac{dx\,dy}{(x^2+y^2)^\alpha}.$$

Als Teilmengen P_λ verwenden wir die Kreisringe mit den Radien λ und 1. Nach Übergang zu Polarkoordinaten erhält man

$$\iint\limits_{P_\lambda} \frac{dx\,dy}{(x^2+y^2)^\alpha} = \iint \frac{\varrho\,d\varrho\,d\theta}{\varrho^{2\alpha}} = 2\pi \int\limits_\lambda^1 \frac{d\varsigma}{\varrho^{2\alpha-1}}.$$

Dieses Integral konvergiert nur für $2\alpha - 1 < 1$, d. h. für $\alpha < 1$.

10.3. Doppelintegral über eine in der Umgebung einer Geraden nicht beschränkte Funktion

Wir untersuchen das Integral

$$\iint x^p y^q\,dx\,dy$$

im Quadrat $x \in (0, 1]$, $y \in (0, 1]$.

Für P_λ nehmen wir die Quadrate

$$x \in [\lambda, 1], \qquad y \in [\lambda, 1]$$

$$\iint\limits_{P_\lambda} x^p y^q \, dx \, dy = \left(\frac{1 - \lambda^{p+1}}{p+1}\right)\left(\frac{1 - \lambda^{q+1}}{q+1}\right).$$

Das Integral konvergiert also für $p > -1$ und $q > -1$.

11.1. Mehrfache Reihen

Wir betrachten die Doppelreihe

$$n \in \boldsymbol{N}, \qquad m \in \boldsymbol{N}$$

$$u_{m,n} := \frac{1}{q^{m+n}}.$$

In den Gitterpunkten des ersten Quadranten (Abb. 3) tragen wir uns die ersten Glieder der Reihe auf. Man bemerkt sofort, daß es vorteilhaft ist, wenn man die Glieder längs der Nebendiagonale zusammenfaßt. Dadurch erhält man die folgenden Partialsummen:

$$1, \frac{2}{q}, \frac{3}{q^2}, \ldots, \frac{n+1}{q^n}.$$

Wir haben den Fall somit auf die Untersuchung einer einfachen Reihe mit dem allgemeinen Glied $\dfrac{n+1}{q^n}$ zurückgeführt. Diese Reihe konvergiert für $q > 1$. Somit gilt dasselbe für die ursprüngliche Doppelreihe.

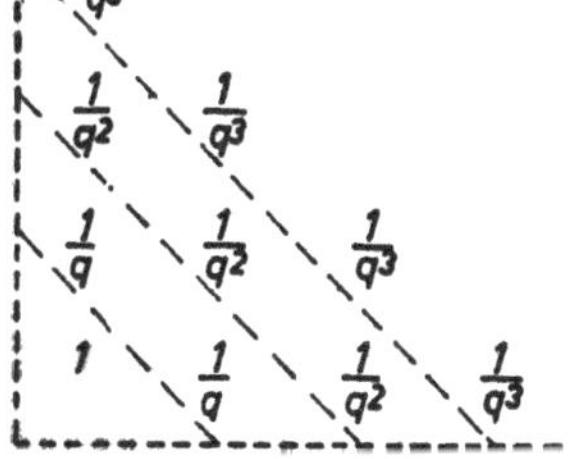

Abb. 3

Übung 16. Man untersuche das Konvergenzverhalten der Reihe

$$u_{m,n} := \frac{1}{(m+n+1)^{\alpha}}.$$

Aufgabe 4.

Man untersuche die Reihen mit den positiven Gliedern:

a) $u_n := \frac{1}{\sqrt[p]{n!}}$, p positiv. Kann man das Kriterium u_{n+1}/u_n anwenden?

b) $u_n := \frac{1}{(n!)^{2/n}}$. Man vergleiche $\log n!$ und $\int\limits_1^n \log x\,dx$.

c) $u_n := \frac{1}{(\log n)^{\log n}}$. Man vergleiche den Ausdruck mit dem entsprechenden Integral.

Aufgabe 5.

Man studiere die Reihe mit dem allgemeinen Glied

$$u_n := \frac{|\sin(kn)|}{n}.$$

a) Man zeige, daß sich an der Reihe nichts ändert, wenn man k durch $k+\pi$ ersetzt. Man schließe daraus, daß man $k \in \left[0, \frac{\pi}{2}\right]$ nehmen darf.

b) Wie verhält es sich für $k := 0$? Man nehme hierauf $k \in \left(0, \frac{\pi}{2}\right]$. Man zeige, daß

$$|\sin(kn)| + \left|\sin\bigl(k(n+1)\bigr)\right| \geq \sin\frac{k}{2}.$$

c) Man beweise damit, daß die vorgelegte Reihe nicht konvergent ist.

Aufgabe 6.

a) Man untersuche die Konvergenz der Doppelreihe mit dem allgemeinen Glied

$$u_{m,n} := \frac{1}{m^2 + n^4}.$$

b) Man untersuche den allgemeineren Fall

$$u_{m,n} := \frac{1}{(m^\alpha + n^\beta)^\gamma}, \quad \alpha, \beta, \gamma \text{ positiv.}$$

Aufgabe 7.

a) Man untersuche die Konvergenz des Integrals

$$\iint \frac{dx\,dy}{(x^2 + y^2)^\alpha} \quad \text{für} \quad x > 0, \quad y > 0, \quad xy < 1.$$

b) Man untersuche dasselbe Integral über einen beliebig geformten Bereich. Man zeige, daß die Menge der Werte von α, für die das Integral konvergiert, entweder die leere Menge ist oder nur aus einem Punkt oder aus einem möglicherweise unendlichen Intervall besteht.

c) Man untersuche denselben Fall für

$$x > y, \quad y > 0, \quad x \log^2 xy < 1.$$

Man beweise, daß der Konvergenzbereich nicht offen ist.

Aufgabe 8.

Man untersuche das Integral

$$\iint\limits_T x^p y^q (1 - x - y)^r \, dx\, dy$$

in dem Dreieck T, das durch $x \geqq 0$, $y \geqq 0$, $1 - x - y \geqq 0$ definiert ist.

5. Absolute Konvergenz

Wir wenden uns nun den Fällen zu, in denen die betrachteten Funktionen nicht notwendig positiv sind.

12.1. Absolute Konvergenz

Das Integral

$$I := \int_P f\, d\mu$$

heißt *absolut konvergent*, wenn das Integral $I := \int_P |f|\, d\mu$ konvergent ist.

12.2. Beziehungen zur Konvergenz

Wir wollen zeigen, daß der Begriff der absoluten Konvergenz mit dem Begriff der Konvergenz im Sinne von 2.3 übereinstimmt.

Der Beweis folgt in groben Zügen. Wir setzen

$$f^+ := \begin{cases} f, \text{ wenn } f > 0 \\ 0 \text{ sonst} \end{cases} \qquad I_1 := \int_P f^+\, d\mu$$

$$f^- := \begin{cases} f, \text{ wenn } f < 0 \\ 0 \text{ sonst} \end{cases} \qquad I_2 := \int_P f^-\, d\mu.$$

Offensichtlich gilt

$$f^+ \geqq 0, \qquad -f^- \geqq 0$$

$$f = f^+ + f^-$$

$$|f| = f^+ - f^-$$

Die folgenden Fälle sind möglich:

I_1 und I_2 existieren. Dann ist auch die Existenz von I und J evident;

eines der Integrale I_1, I_2 existiert, das andere aber nicht. Es ist klar, daß dann weder I noch J existieren;

weder I_1 noch I_2 existiert. J existiert somit offensichtlich nicht. Wir wollen zeigen, daß I auch nicht existiert.

Dazu wählen wir eine Familie von Teilmengen P_n auf die folgende Weise. Es sei

$$P_1 \subseteq P_2 \subseteq \cdots \subseteq P_n \subseteq \cdots$$

eine Folge beschränkter Mengen, für die

$$\lim_{n\to\infty} P_n = P.$$

Wir konstruieren daraus eine andere Folge beschränkter Teilmengen

$$Q_1 \subseteq Q_2 \subseteq \cdots \subseteq Q_n \subseteq \cdots, \qquad \lim_{n\to\infty} Q_n = P.$$

Wir setzen $Q_1 := P_1$.
Die Mengen $Q_1, \ldots, Q_i$ seien bereits konstruiert. Wir konstruieren Q_{i+1} auf die folgende Art:
Wir nehmen die Menge $P_{i+1} \cup Q_i$ und fügen eine hinreichend große Teilmenge π_{i+1} hinzu, wo $f^+ \neq 0$, so daß

$$\int\limits_{\pi_{i+1} \cup P_{i+1} \cup Q_i} f\, d\mu \geqq i.$$

Dies ist immer möglich, da $\int\limits_{P_n} f^+\, d\mu$ nicht beschränkt ist.

Man setzt nun

$$Q_{i+1} := \pi_{i+1} \cup P_{i+1} \cup Q_i.$$

Die Folge $\int\limits_{Q_i} f\, d\mu$ ist, wie man leicht einsieht, nicht beschränkt. Daher ist das Integral

$$\int_P f\,d\mu$$

auch nicht konvergent.

12.3. Konvergenzuntersuchungen in der Praxis

In der Praxis bestehen Untersuchungen der Konvergenz in der Untersuchung der Integrale

$$\int_P |f|\,d\mu$$

mit Hilfe der früher beschriebenen Verfahren für den positiven Fall.

Übung 17. Man untersuche die Konvergenz der Reihe mit dem allgemeinen Glied

$$u_{n,m} := \frac{(-1)^{m+n}}{(m+n+1)^{a}}.$$

Übung 18. Man untersuche das Integral

$$\iint e^{-x-y} \cos x \cos y \; dx\,dy$$

genommen über den ersten Quadranten.

6. Semikonvergenz

Wir wenden uns nun der Untersuchung eines etwas modifizierten Konvergenzbegriffes zu, behandeln aber nur den Fall von einfachen Reihen und einfachen Integralen.

13.1. Semikonvergenz

Wir betrachten Integrale über eine Halbgerade $[a, \infty)$ oder über ein Intervall $(a, b]$. Dabei soll die Funktion in einer Umgebung von a nicht beschränkt sein. Die Konvergenz war so definiert, daß man alle regulären Folgen von Teilmengen in Betracht zu ziehen hatte. Zur Definition der Semikonvergenz beschränkt man sich auf solche reguläre Folgen, deren Mengen Intervalle sind:

$$[b, \lambda] \quad \text{oder} \quad [c, b].$$

Natürlich folgt aus der Konvergenz die Semikonvergenz. Es gibt jedoch in Wirklichkeit Integrale (und Reihen), die zwar semikonvergent sind, aber nicht konvergent.

13.2. Eigenschaften der Semikonvergenz

Wenn die Integrale

$$\int_P f(x)\, d\mu, \qquad \int_P g(x)\, d\mu$$

im Sinne der Semikonvergenz existieren und wenn k eine Konstante bedeutet, so existieren auch die Integrale

$$\int_P k f(x)\, d\mu, \qquad \int_P \big(f(x) + g(x)\big)\, d\mu$$

im Sinne der Semikonvergenz.

Wenn $b' > b$ und wenn $\int_{[b,b']} f\, d\mu$ im Sinne von Kapitel I existiert, so existieren einerseits

$$\int_{[b,\infty)} f\, d\mu \quad \text{und} \quad \int_{[b',\infty)} f\, d\mu$$

und andererseits

$$\int\limits_{(a,b]} f\,d\mu \quad \text{und} \quad \int\limits_{(a,b']} f\,d\mu,$$

und zwar gleichzeitig und im Sinne der Semikonvergenz.

13.3. Beispiele für semikonvergente Integrale

Die uneigentlichen Integrale

$$\int_1^\infty \frac{\sin x}{x}\,dx, \qquad \int_1^\infty \frac{\cos x}{x}\,dx$$

existieren nicht im Sinne der Konvergenz. Wir wollen zeigen, daß sie im Sinne der Semikonvergenz existieren. Es gilt

$$\int_1^\lambda \frac{\sin x}{x}\,dx = \left[\frac{-\cos x}{x}\right]_1^\lambda - \int_1^\lambda \frac{\cos x}{x^2}\,dx.$$

Wenn λ gegen unendlich geht, so strebt der Klammerausdruck einem endlichen Wert zu, ebenso das Integral der rechten Seite, denn dieses ist konvergent.

Die Semikonvergenz von $\int_1^\infty \frac{\cos x}{x}\,dx$ zeigt man analog. Wir überlassen den Beweis dem Leser.

Übung 19. a) Man untersuche die Formel für die partielle Integration für uneigentliche Integrale im Sinne der Semikonvergenz.

b) Gilt dabei eine Analogie zum Fall der Konvergenz?

14.1. *Semikonvergente Reihen*

Eine Reihe heißt *semikonvergent*, wenn $\lim\limits_{n\to\infty} S_n$ existiert. Man sieht, daß es sich hier um die übliche elementare Definition handelt. Wir halten diese jedoch hier für berechtigt, da sie der allgemeinen Definition in 2.3 entsprechend untergeordnet ist.

14.2. *Die* ABELsche *Transformation*

Für unendliche Reihen existiert eine Formel, die analog zur Formel für die partielle Integration ist. Man darf schreiben

$$\begin{aligned} &a_1(v_1 - v_0) + a_2(v_2 - v_1) + \cdots + a_n(v_n - v_{n-1}) \\ &= -v_0 a_1 + v_1(a_1 - a_2) + \cdots + v_{n-1}(a_{n-1} - a_n) \\ &\quad + v_n(a_n - a_{n+1}) + v_n a_{n+1}. \end{aligned}$$

Das heißt

$$\sum_{i:=1}^{n} a_i(v_i - v_{i-1}) = -v_0 a_1 + v_n a_{n+1} + \sum_{i:=1}^{n-1} v_i(a_i - a_{i+1}).$$

14.3. *Anwendung auf die Untersuchung von Reihen*

Wir betrachten Reihen mit den allgemeinen Gliedern

$$u_i := a_i(b_i - b_{i-1}),$$
$$v_i := b_i(a_i - a_{i+1}),$$

für die gelten soll

a) $|b_n| \leqq M$,

b) $\lim\limits_{n\to\infty} a_n = 0$.

Unter diesen Voraussetzungen sind die beiden Reihen betreffend Semikonvergenz von derselben Art. Es gilt nämlich

$$\sum_{i:=1}^{n} u_i = -b_0 a_1 + b_n a_{n+1} + \sum_{i:=1}^{n} v_i$$

und

$$\lim_{n\to\infty} b_n a_{n+1} = 0.$$

Es kann vorkommen, daß das Studium der Konvergenz der einen Reihe einfacher ist als das der anderen. Insbesondere kann es vorkommen, daß die eine Reihe absolut konvergent ist, die andere aber nicht.

14.4. Alternierende Reihen

Eine Reihe heißt *alternierend*, wenn ihre Glieder die Form

$$u_n := (-1)^n a_n, \qquad a_n > 0$$

haben. Die folgenden Bedingungen

a) $\lim\limits_{n\to\infty} a_n = 0,$

b) $a_n \leqq a_{n-1}$

sind für die Semikonvergenz hinreichend.

Wir setzen zum Beispiel

$$b_n := \frac{(-1)^n}{2}, \qquad b_n - b_{n-1} = (-1)^n.$$

Diese Reihe ist von derselben Art wie die Reihe mit dem allgemeinen Glied

$$v_n := (-1)^n (a_n - a_{n-1}),$$

die absolut konvergiert, da

$$|v_n| = a_n - a_{n+1}$$

$$\sum_{i:=1}^{n} a_i - a_{i+1} = a_1 - a_{n+1}.$$

Beispiel. Die Reihe $u_n := \frac{(-1)^n}{n}$ ist semikonvergent.

Bemerkung. Wenn die alternierende Reihe konvergiert, so liegt die Summe zwischen 0 und dem ersten Glied. Faßt man nämlich die Glieder zu Paaren zusammen, so ergeben sich stets positive Partialsummen. Faßt man unter Ausschluß von a_0 zu Paaren zusammen, so ergeben sich stets negative Partialsummen.

Übung 20. Man studiere die Partialsummen S_{2n} und S_{2n+1} für alternierende Reihen.

15.1. Hauptwert

Dem Begriff der Semikonvergenz fügen wir noch den Begriff des Hauptwertes eines Integrals hinzu. Auch er trägt zur Erweiterung des möglichen Arbeitsbereiches bei.

Wir nehmen an, daß für eine in $(-\infty, \infty)$ definierte Funktion $f(x)$ das Integral

$$I := \lim_{\lambda \to \infty} \int_{-\lambda}^{\lambda} f(x)\, dx$$

im Sinne des Hauptwertes existiert.

Beispiel.

$\int_{-\lambda}^{\lambda} \sinh x\, dx = 0$ im Sinne des Hauptwertes, da die Funktion $\sinh x$ ungerade ist. Man beachte, daß die Integrale $\int_{a}^{\infty} \sinh x\, dx$ und $\int_{-\infty}^{a} \sinh x\, dx$ nicht konvergent sind.

Aufgabe 9.

Das Potential im Punkt $M(x, y, z)$, das durch die Ladung q im Ursprung O erzeugt wird, ist

$$(r := OM) \quad \frac{q}{r}.$$

Das elektrische in diesem Punkt hat die Komponenten

$$\frac{xq}{r^3}, \quad \frac{yq}{r^3}, \quad \frac{zq}{r^3}.$$

a) Man gebe die Ausdrücke für das Potential und die Feldkomponenten im Punkt $P(a, b, O)$ an, die von der mit konstanter Ladungsdichte μ belegten z-Achse erzeugt werden. Sind die entsprechenden Integrale konvergent?

b) Man gebe ein Integral an, das die Potentialdifferenz zwischen zwei Punkten P und $Q(a', b', h)$ angibt. Ist dieses Integral konvergent?

c) Man berechne das Integral.

Aufgabe 10.

a) Man zeige, daß

$$\int_P f \, d\mu$$

zwar semikonvergent, aber nicht konvergent ist. Man kann eine Folge angeben, so daß

$$P_1 \subseteq P_2 \subseteq \cdots \subseteq P_n \subseteq \cdots$$

$$\lim_{n\to\infty} \int_P f \, d\mu = +\infty$$

b) Man zeige, daß dann, wenn das Maß μ nicht von punktförmigen Massen erzeugt wird, es zu jeder Zahl l eine Folge P_n wie oben gibt, so daß

$$\lim_{n\to\infty} \int_{P_n} f \, d\mu = l.$$

c) Man zeige, daß für eine semikonvergente, aber nicht konvergente Reihe mit dem allgemeinen Glied u_n und der Eigenschaft

$$\lim_{n\to\infty} u_n = 0$$

die Eigenschaft b) auch noch gilt.

Aufgabe 11.

a) S sei eine durch

$$z = f(x, y)$$

gegebene Fläche. $f(0, 0)$ sei 0, die Ableitungen erster und zweiter Ordnung sollen existieren und stetig sein, und es gelte $f'_x(0, 0) = f'_y(0, 0) = 0$.

Diese Fläche trage eine elektrische Ladung mit der konstanten Flächendichte μ.

Man gebe vorerst die Ausdrücke für das elektrische Feld an.

b) Man zeige, daß die z-Komponente des Feldes durch ein uneinheitliches Integral dargestellt wird.

c) Man zeige, daß die Ausdrücke für die x- und y-Komponente des Feldes keinen Sinn haben.

d) Man stelle die Bedingung, daß die zur Definition der uneigentlichen Integrale benutzten Bereiche symmetrisch bezüglich des Ursprungs sind. Man zeige, daß dadurch die Ausdrücke für die x- und y-Komponente des Feldes einen Sinn bekommen.

e) Läßt sich das Ergebnis als Hauptwert interpretieren?

Aufgabe 12.

Man betrachte die beiden Reihen mit den allgemeinen Gliedern u_n und v_n und die Reihe mit dem allgemeinen Glied $w_n := u_n + v_n$.

a) Man nehme an, daß die Reihe u_n konvergiert. Was läßt sich über w_n aussagen, wenn man weiß, daß v_n konvergiert, daß v_n nicht konvergiert.

b) Man nehme an, daß die Reihe u_n semikonvergent ist. Was kann man über die w_n aussagen, wenn man weiß, daß v_n semikonvergent oder nicht semikonvergent ist.

c) Man betrachte die Reihe mit dem allgemeinen Glied

$$u_n := \log\left(1 + \frac{(-1)^n}{n^\alpha}\right).$$

Man untersuche die Konvergenz dieser Reihe.

d) Man untersuche die Semikonvergenz derselben Reihe (man verwende eine endliche Entwicklung des Logarithmus).

7. Numerische Behandlung der uneigentlichen Integrale und der unendlichen Reihen

16.1. Problemstellung

Die Berechnung eines angenäherten numerischen Wertes eines uneigentlichen Integrals wie etwa

$$\int_0^\infty \frac{dx}{1+x^3}$$

erfolgt durch Wahl einer Zahl A, für die

$$\int_A^\infty \frac{dx}{1+x^3}$$

bei der geforderten Genauigkeit vernachlässigbar ist, und durch die Berechnung des Integrals

$$\int_0^A \frac{dx}{1+x^3}.$$

Ebenso besteht die Berechnung eines angenäherten numerischen Wertes von

$$S := \sum_1^\infty \frac{1}{n^2}$$

in der Wahl einer ganzen Zahl N, für die

$$\sum_{N+1}^\infty \frac{1}{n^2}$$

bei der geforderten Genauigkeit vernachlässigbar ist, und in der exakten (oder angenäherten) Berechnung der endlichen Summe

$$S_n := \sum_1^N \frac{1}{n^2}.$$

Unsere Untersuchung besteht daher vorerst in der Bestimmung von oberen Schranken für Ausdrücke wie

$$\int_A^\infty \frac{dx}{1+x^3}, \quad \sum_{N+1}^\infty \frac{1}{n^2}.$$

Diese Ausdrücke nennt man *Restglieder.* Ihr Studium hängt eng mit Konvergenzbetrachtungen zusammen.

16.2. Vergleichstheorem für den positiven Fall

Wir verwenden die Bezeichnungsweise von 5.1.

Wenn $f \geqq g \geqq 0$ folgt

$$\int_{P-P} f\, d\mu \geqq \int_{P-P_n} g\, d\mu \geqq 0.$$

Diese Behauptung folgt unmittelbar aus der Tatsache, daß

$$\int_{P-P} = \lim_{m\to\infty} \int_{P-P_n}$$

und aus

$$\int_{P_m - P} f\,d\mu \geqq \int_{P_m - P_n} g\,d\mu \geqq 0.$$

16.3. Bestimmung einer oberen Schranke für das Restglied

Da die Vorgangsweise klar sein dürfte, behandeln wir hier nur einige Beispiele.

a) Wir suchen eine obere Schranke für das Integral

$$\int_A^\infty \frac{dx}{1+x^3}.$$

Für $x > 0$ gilt $\dfrac{1}{1+x^3} < \dfrac{1}{x^3}$, $\displaystyle\int_A^\infty \frac{dx}{x^3} = \frac{1}{2A^2}$.

Daraus folgt $\displaystyle\int_A^\infty \frac{dx}{1+x^3} < \frac{1}{2A^2}.$

Ebenso suchen wir eine obere Schranke für die Reihe

$$\sum_{N+1}^\infty \frac{1}{n^2}.$$

Für $n > 1$ gilt $\dfrac{1}{n^2} < \dfrac{1}{n(n-1)}$.

Daraus folgt wegen

$$\frac{1}{n(n-1)} = \frac{1}{n-1} - \frac{1}{n}$$

die Abschätzung

$$\sum_{N+1}^\infty \frac{1}{n(n-1)} = \frac{1}{N}, \qquad \sum_{N+1}^\infty \frac{1}{n^2} < \frac{1}{N}.$$

Übung 21. Man schätze dieselbe Reihe durch Vergleich mit einem Integral nach oben ab.

17.1. Bestimmung einer unteren Schranke für das Restglied

Die obigen Methoden lassen sich zur Bestimmung einer unteren Schranke für das Restglied anwenden.

Zum Beispiel gilt für $x > 0$

$$\frac{1}{1+x^3} > \frac{1}{(1+x)^3}.$$

Daraus folgt

$$\int_A^\infty \frac{dx}{1+x^3} > \int_A^\infty \frac{dx}{(1+x)^3} = \frac{1}{2(A+1)^2}$$

$$\frac{1}{n^2} > \frac{1}{n(n+1)}, \qquad \frac{1}{n(n+1)} = \frac{1}{n} - \frac{1}{n+1}$$

und somit

$$\sum_{N+1}^\infty \frac{1}{n^2} > \frac{1}{N+1}.$$

Übung 22. Man bestimme eine obere und eine untere Schranke für

$$\text{a)} \int_A^\infty \frac{dx}{x^4-1}, \quad \text{b)} \sum_{N+1}^\infty \frac{1}{n^2-1}.$$

17.2. Konvergenztyp

Wir betrachten, immer noch für den positiven Fall, das Restglied

$$I_n := \int_{P-P_n} f\, d\mu$$

für eine gegebene Familie von Teilmengen als Funktion von n. Dies ist eine abnehmende Funktion, die gegen 0 geht, wenn n unbeschränkt wächst.

Man sagt, I_n und ein analoger Ausdruck J_n seien von *demselben Konvergenztyp*, wenn

$$\lim_{n\to\infty} \frac{I_n}{J_n} = 1.$$

Das soll heißen, daß man für eine vorgegebene Genauigkeit bei beiden Integralen denselben Wert von n zu ihrer angenäherten Berechnung verwenden kann.

Man sagt, daß I_n stärker konvergiert als J_n, wenn die beiden folgenden Bedingungen erfüllt sind:

a) $\forall_n \left[\frac{I_n}{J_n} < 1\right]$,

b) $\lim\limits_{n\to\infty} \frac{I_n}{J_n} = 0$.

Das soll heißen, daß für eine vorgegebene Genauigkeit der Wert von n für die Berechnung des Integrales J größer sein wird als für die Berechnung von I.

Bemerkung. Die Untersuchung von I_n/J_n läuft auf die Bestimmung einer oberen Schranke von I_n und einer unteren Schranke von J_n hinaus.

Übung 23. Man zeige, daß

$$\int\limits_N^\infty \frac{dx}{x^2} \quad \text{und} \quad \sum_{N+1}^{\infty} \frac{1}{n^2}$$

denselben Konvergenztyp besitzen.

Übung 24. a) Lassen sich die Konvergenztypen von

$$I_n := 1000 \cdot 2^{-n}$$

$$J_n := \frac{10^{-6}}{\sqrt{n}}$$

vergleichen? Man vergleiche diese Ausdrücke für $n := 10$ und $n := 50$.

18.1. Beschleunigung der Konvergenz

Eine angenäherte Berechnung (selbst mit mäßiger Genauigkeit) der Summe gewisser Reihen kann schwierig und manchmal sogar vollkommen illusorisch sein.

Zum Beispiel betrachten wir die Reihe mit dem allgemeinen Glied

$$u_n := \frac{1}{n^2}.$$

Wir haben früher gesehen, daß

$$\frac{1}{N+1} < \sum_{N+1}^{\infty} \frac{1}{n^2} < \frac{1}{N}.$$

Wollte man diese Reihe mit einer Genauigkeit von etwa $1/10^4$ berechnen, so müßte also gelten

$$\sum_{N+1}^{\infty} \frac{1}{n^2} \leq \frac{1}{2 \cdot 10^4}.$$

Man hätte dabei an die 20000 Glieder zu berechnen. Darüber hinaus dürfte die Summe der Rundungsfehler bei der Berechnung dieser Glieder $\frac{1}{2 \cdot 10^4}$ nicht übersteigen, d. h., man müßte jedes Glied mit einer Genauigkeit von $\frac{1}{4 \cdot 10^8}$ berechnen.

Eine derartige Arbeit ist jedoch unnötig, denn man kann die Konvergenz „beschleunigen". Dies läßt sich auf verschiedene Arten erzielen.

18.2. Verwendung des Hauptteils des Restgliedes

Es handle sich weiterhin um die Berechnung der Reihe

$$S := \sum_{1}^{\infty} \frac{1}{n^2}.$$

Setzt man $T_N := \frac{1}{N} + \sum_{1}^{N} \frac{1}{n^2}$, so gilt

$$0 < T_N - S < \frac{1}{N} - \frac{1}{N+1} = \frac{1}{N(N+1)}.$$

Eine Verbesserung kann noch erreicht werden durch Verwendung von

$$V_N := \frac{1}{2}\left(\frac{1}{N} + \frac{1}{N+1}\right) + \sum_{1}^{N} \frac{1}{n^2}$$

$$|V_N - S| \leqq \frac{1}{2}\left(\frac{1}{N} - \frac{1}{N+1}\right) = \frac{1}{2N(N+1)}.$$

Um diesen Ausdruck kleiner als $\frac{1}{2 \cdot 10^4}$ zu machen, genügt es, wenn man $N := 100$ setzt.

Man hat daher nur 100 Glieder und diese nur mit einer Genauigkeit von $\frac{1}{2 \cdot 10^6}$ zu berechnen. Dieses modifizierte Verfahren ist mindestens 200mal, wahrscheinlich sogar 500mal kürzer als das ursprüngliche Verfahren.

18.3. Verwendung eines Hauptteiles eines Gliedes der Reihe

Wir betrachten dasselbe Beispiel. Man weiß, daß die beiden Reihen mit den allgemeinen Gliedern

$$\frac{1}{n(n+1)}, \quad \frac{1}{n(n-1)}$$

sehr einfache Summen besitzen:

$$\sum_{1}^{\infty} \frac{1}{n(n+1)} = 1, \quad \sum_{2}^{\infty} \frac{1}{n(n-1)} = 1.$$

Darüber hinaus gilt

$$\frac{1}{n^2} \sim \frac{1}{n(n+1)}, \qquad \frac{1}{n^2} \sim \frac{1}{n(n-1)}.$$

Wir bilden nun die Reihe mit dem allgemeinen Glied

$$w_n := \frac{1}{n^2} - \frac{1}{2(n+1)n} - \frac{1}{2n(n-1)}.$$

Dieser Ausdruck vereinfacht sich zu

$$w_n = \frac{-1}{n^2(n^2-1)}.$$

Man darf daher schreiben

$$\sum_1^\infty \frac{1}{n^2} = \frac{3}{4} + \sum_1^\infty \frac{1}{2n(n+1)} + \sum_2^\infty \frac{1}{2n(n-1)} - \sum_2^\infty \frac{1}{n^2(n^2-1)},$$

und daraus folgt

$$\sum_1^\infty \frac{1}{n^2} = \frac{7}{4} - \sum_2^\infty \frac{1}{n^2(n^2-1)}.$$

Man kann zeigen, daß

$$\sum_{N+1}^\infty \frac{1}{n^2(n^2-1)} < \frac{1}{3N^3}.$$

Um S mit einer Genauigkeit von 10^{-4} zu erhalten, genügt es, wenn man in der Reihe mit dem allgemeinen Glied w_n $N := 19$ setzt. Die Glieder dieser Reihe sind ein wenig komplizierter als die der ursprünglichen Reihe, aber es genügt, wenn man sie mit einer Genauigkeit von $\frac{1}{4 \cdot 10^5}$ berechnet. Das neue Verfahren ist 1000- bis 5000mal rascher als das ursprüngliche Verfahren.

Übung 25. Man zeige, daß

$$\sum_{N+1}^{\infty} \frac{1}{n^2(n^2-1)} < \frac{1}{3N^3}.$$

Übung 26. Man versuche, mit Hilfe des Integrals $\int_1^{\infty} \frac{dx}{x^2}$ die Konvergenz von $\sum_1^{\infty} \frac{1}{n^2}$ zu verbessern.

19.1. Absolute Konvergenz

Im Falle der absoluten Konvergenz gilt

$$\left| \int_{P-P_n} f \, d\mu \right| \leqq \int_{P-P_n} |f| \, d\mu.$$

Das liefert eine obere Schranke für das Restglied

$$\int_{P-P_n} |f| \, d\mu.$$

Diese Schranke ist aber in vielen Fällen nicht die günstigste.

19.2. Beispiel

Wir wollen die Summe der absolut konvergenten Reihe

$$S := \sum_1^{\infty} \frac{(-1)^n}{n^2}$$

bestimmen. Das vorangehende Ergebnis führt zur Abschätzung

$$\left|\sum_{N+1}^{\infty}\frac{(-1)^n}{n^2}\right| \leqq \sum_{N+1}^{\infty}\frac{1}{n^2} < \frac{1}{N}.$$

Wir werden jedoch später sehen, daß gilt

$$\left|\sum_{N+1}^{\infty}\frac{(-1)^n}{n^2}\right| \leqq \frac{1}{(N+1)^2}.$$

Soll das Restglied kleiner als $\frac{1}{2 \cdot 10^4}$ werden, so hätte man bei der ersten Abschätzung an die 2000 Glieder zu berechnen, im zweiten Fall jedoch nur 141.

20.1. Der Fall der Semikonvergenz

Im Falle der Semikonvergenz gibt es keine allgemeine Methode zur Abschätzung des Restgliedes. Die Methode richtet sich demnach nach dem speziellen Fall, den man zu untersuchen hat.

20.2. Beispiel

Es sei das Integral

$$I := \int_0^{\infty} \frac{\sin x}{x}\, dx$$

zu berechnen. Man wird in diesem Fall die bereits in 13.3 benutzte partielle Integration zu Hilfe nehmen. Dadurch wird das Problem auf die Abschätzung des Integrals

$$\int_A^{\infty} \frac{\sin x}{x}\, dx \quad \text{an Stelle von} \quad \int_A^{\infty} \frac{\cos x}{x^2}\, dx$$

zurückgeführt.

20.3. Der Fall der alternierenden Reihen

Bei der Reihe

$$S := \sum_{1}^{\infty} (-1)^n a_n$$

kann man so vorgehen:

$$S_N := \sum_{N+1}^{\infty} (-1)^n a_n.$$

$S - S_N$ liegt zwischen 0 und $(-1)^{N+1} a_{N+1}$. Auch eine ABELsche Transformation ist in diesem Fall günstig, d. h., man berechnet

$$T_n := S_{n-1} + \frac{1}{2} (-1)^n a_n$$

$$|S - T_n| \leqq \frac{1}{2} a_n.$$

Je nach der speziellen vorliegenden Reihe ist der eine oder der andere Weg besser.

Bemerkung. Wenn eine alternierende Reihe absolut konvergiert, so ist der erste angegebene Weg zur Restabschätzung günstiger.

Übung 27. Man wende die Verfahren zur Berechnung der alternierenden Reihen auf die Reihen mit den allgemeinen Gliedern

a) $u_n := (-1)^n 10^{-n}$, b) $v_n := \dfrac{(-1)^{n-1}}{n}$

an.

Lösungen der Übungen aus Kapitel II

1. a) Das Intervall $\left[0, \dfrac{1}{n}\right]$ liefert beliebig große Anteile, da $1/x$ nicht beschränkt ist.

b) Man kann $[1, \infty)$ nicht durch eine endliche Zahl von Intervallen überdecken.

2. $\left|\int\limits_{P-P_n} f\,d\mu\right| \leqq \operatorname{Sup}|f|\,\mu(P-P_n)$

$$\lim_{n\to\infty}\mu(P-P_n)=0,\quad\text{also}\quad \lim_{n\to\infty}\int\limits_{P_n} f\,d\mu=\int\limits_P f\,d\mu.$$

3. Die Funktionen, für die man im Sinne der Konvergenz ein uneigentliches Integral über P relativ zum Maß μ definieren kann, bilden einen Vektorraum über $\boldsymbol{R}$ und die Abbildung

$$\int\limits_P f\,d\mu \leftarrow\!\mid f$$

ist linear.

4. Evident, da in jedem Teilbereich P_n gültig.

5. Betrachtet man die in 2.2 angegebenen P_n, so sind die Integrale

$$\int\limits_P f\,d\mu$$

offensichtlich beschränkt.

6. $\int\limits_a^\lambda f'(x)\,dx = f(\lambda)-f(a)$

besitzt einen Grenzwert für λ gegen ∞. Die uneigentlichen Integrale

$$\int\limits_0^\infty \frac{dx}{(1+x^2)^{3/2}},\qquad \int\limits_0^\infty (1-\tanh^2 x)\,dx$$

existieren.

7. Die drei Integrale von 0 bis λ lassen sich berechnen. Nur der erste Ausdruck existiert.

8. Nicht direkt, da $\int\limits_0^\infty \frac{dx}{x^2}$ keinen Sinn hat. Jedoch weiß man, daß man das Integral über $[0, \infty)$, was die Konvergenz betrifft, durch ein Integral über $[1, \infty)$ ersetzen darf.

9. $\frac{1}{x^2-1} \sim \frac{1}{x^2}$ für x gegen unendlich, daher liegt Konvergenz vor.

10. $\sin x \sim x, \quad 1-\cos x \sim \frac{x^2}{2}$, also $\frac{\sin x}{1-\cos x} \sim \frac{2}{x}$. Hier liegt keine Konvergenz vor.

11. $v_n \sim \frac{1}{2n^2}$, daher Konvergenz.

12. $w_n \sim \frac{1}{2\sqrt{n}}$, daher keine Konvergenz.

13. Für $n \geqq 4$ gilt $\sqrt[n]{n!} > 2, \quad \sqrt[n]{u_n} < \frac{1}{2}$, also Konvergenz.

14. $\frac{u_{n+1}}{u_n} = \frac{1}{n+1}, \quad \lim\limits_{n\to\infty} \frac{u_{n+1}}{u_n} = 0$, daher Konvergenz.

15. Man setze $x + y = k$ und verwende $x + y$ als neue Variable. Konvergenz liegt nur für $\alpha > 2$ vor.

16. Faßt man die Glieder auf den Parallelen zur Nebendiagonale zusammen, so ergibt sich

$$k := m + n$$

$$\sum_{k:=0}^{\infty} \frac{1}{(k+1)^{\alpha-1}} \begin{cases} \text{konvergent} & \text{für } \alpha > 2 \\ \text{nicht konvergent} & \text{für } \alpha \leqq 2. \end{cases}$$

17. Die Reihe konvergiert unter denselben Bedingungen wie die Reihe in Übung 16.

18. Man schätze den Absolutbetrag von

$$\iint e^{-x-y}\,dx\,dy$$

nach oben ab. Unter Benutzung von Rechtecken mit achsenparallelen Seiten als Integrationsbereiche findet man, daß das Integral konvergiert.

19. a) Wir nehmen den Fall eines unendlichen Intervalls. Wenn der Klammerausdruck für λ gegen unendlich einem Grenzwert zustrebt, so verhalten sich die beiden uneigentlichen Integrale im Sinne der Semikonvergenz gleich.

b) Nein, denn man müßte alle regulären Folgen von Teilmengen betrachten. Insbesondere kann eines der uneigentlichen Integrale im Sinne der Konvergenz existieren, das andere nicht (das trifft zum Beispiel in 13.3 zu).

20. Die Folge der S_{2n} ist nicht zunehmend. Die Folge der S_{2n+1} ist nicht abnehmend. Jede der Folgen beschränkt die andere (Abb. 4).

$$I := \lim_{n\to\infty} S_{2n+1}, \quad P := \lim_{n\to\infty} S_{2n}$$

$$P - I < S_{2n} - S_{2n-1} = u_n.$$

Also gilt $P = I$.

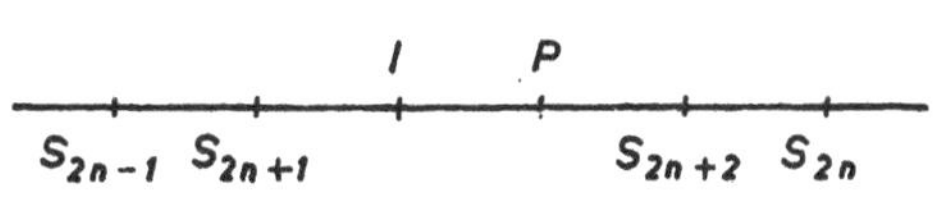

Abb. 4

21. $\sum\limits_{N+1}^{\infty} \frac{1}{n^2} \leqq \int\limits_N^{\infty} \frac{dx}{x^2} = \frac{1}{N}.$

22. a) Für $x \geqq 2$: $\frac{16}{15}\frac{1}{x^4} \geqq \frac{1}{x^4-1} > \frac{1}{x^4}$.

Für $A \geqq 2$: $\frac{16}{45A^3} \geqq \int\limits_A^\infty \frac{dx}{x^4-1} \geqq \frac{1}{3A^3}$.

b) Für $n \geqq 10$: $\frac{100}{99}\frac{1}{n^2} \geqq \frac{1}{n^2-1} > \frac{1}{n^2}$.

Für $N \geqq 9$: $\frac{100}{99}\frac{1}{N} > \sum\limits_{N+1}^\infty \frac{1}{N^2-1} > \frac{1}{N+1}$.

23. Die Untersuchung wurde in 16.3 und 17.1 durchgeführt.

24. a) Nein.

b) $I_{10} \doteq 1$, $J_{10} \doteq 3 \cdot 10^{-7}$,
$I_{50} \doteq 10^{-12}$, $J_{50} \doteq 1{,}4 \cdot 10^{-7}$.

25. Es genügt zu zeigen, daß

$$\frac{1}{(N+1)^2\left((N+1)^2-1\right)} < \frac{1}{3N^3} - \frac{1}{3(N+1)^3}.$$

26. $v_n := \left(\int\limits_{n-1/2}^{n+1/2} \frac{dx}{x^2}\right) - \frac{1}{n^2}$, daraus folgt

$v_n = \frac{1}{n^2(4n^2-1)}$ $\sum\limits_{N+1}^\infty v_n \leqq \frac{1}{12N^3}$. Es genügt, wenn man $N := 13$ nimmt.

27. a) $\sum\limits_0^\infty u_n = 0{,}90909\ldots$ S_n ist besser als T_n.

b) Die Rechnung zeigt, daß T_n besser ist als S_n:

$$1 - \frac{1}{2} + \frac{1}{3} - \frac{1}{4} + \frac{1}{5} - \frac{1}{6} \doteqdot 0{,}617$$

$$1 - \frac{1}{2} + \frac{1}{3} - \frac{1}{4} + \frac{1}{5} - \frac{1}{12} \doteqdot 0{,}700 .$$

Der exakte Wert ist $\log 2 \doteqdot 0{,}693$.

Lösungen der Aufgaben aus Kapitel II

Aufgabe 1.

a) Wenn man kein u_{i_p} der verlangten Art mehr bestimmen kann, heißt das, daß

$$u_j \leqq p \quad \text{für} \quad j > i_{p-1} .$$

Die Folge ist daher nach oben beschränkt.

b) Evident.

c) Wenn die Folge konvergiert und u als Grenzwert besitzt, so gilt für ein $\varepsilon > 0$:

$$v \leqq u + \varepsilon \text{ und } w \geqq u - \varepsilon . \text{ Daraus folgt } v = w = u .$$

Wenn umgekehrt $v = w$, so gilt für gegebenes $\varepsilon > 0$ ab einem bestimmten Index $v + \varepsilon \leqq w - \varepsilon$, daher konvergiert die Reihe gegen den gemeinsamen Wert von u und v.

d) Wenn man einmal kein entsprechendes Glied u_{i_p} mehr finden könnte, so wäre v nicht der Grenzwert der v_n.

Schließlich liegen für ein gegebenes $\eta > 0$ die Glieder dieser Folge ab einem bestimmten Index zwischen $v - \eta$ und $v + \eta$. Die Folge konvergiert daher gegen v.

e) Wir betrachten mehrere Fälle:

Wenn eine der Folgen, zum Beispiel die der r, nicht

nach oben beschränkt ist, so läßt sich jedem s_q ein r_{p_q} so zuordnen, daß

$$r_{p_q} + s_q > q \quad \text{und} \quad p_q > p_{q-1}$$

Die Zahl l kann daher nicht existieren;

Wenn beide Folgen beschränkt sind und eine davon, etwa die Folge der r, nicht konvergiert, so lassen sich einer konvergenten Teilfolge der s_q zwei konvergente Teilfolgen r_p und r_p' mit verschiedenem Grenzwert zuordnen. In diesem Fall kann l nicht existieren.

f) Wenn f über P_1 oder P_2 nicht integrierbar ist, so kann man in P_1 oder P_2 eine Folge nicht konvergenter Grundsummen bilden.

g) α) Das Integral existiert in $S \cap P_n$, $T \cap P_n$ nach f). Wenn das Integral in S oder T nicht konvergent wäre, so nach e) auch nicht in P.

β) $P_n \cap S$ und $P_n \cap T$ sind reguläre Folgen von S und T. Wenn zwei reguläre Folgen für P nicht denselben Grenzwert von $\int\limits_P$ liefern, so gilt dasselbe für die entsprechenden regulären Folgen in S oder in T.

Aufgabe 2.

a) Die linke Ungleichheit gilt wegen $Mg \geqq fg$.
Um die rechte Ungleichheit zu erhalten, schreibt man

$$\int\limits_a^{a+T} fg\, d\mu \geqq g(a+T) \int\limits_a^{a+T} f\, d\mu = kg(a+T) \int\limits_0^T d\mu.$$

$$g(a+T) \int\limits_0^T d\mu \geqq \int\limits_{a+T}^{a+2T} g(t)\, d\mu.$$

b) Die Eigenschaft ist evident, wenn $k \neq 0$.

c) Das Integral verhält sich ebenso wie

$$\int_0^\infty \frac{dx}{1+x^2}.$$

Die Reihe verhält sich ebenso wie

$$\frac{1}{n^2+\cos n\pi}$$

($x^2 + \cos \pi x$ wächst mit x stark genug an).

Aufgabe 3.

a) Man integriere von 0 bis n. Das Integral hat den Wert

$$1+\frac{1}{2}+\cdots+\frac{1}{2^{n-1}}=2-\frac{1}{2^{n-1}}.$$

Das Integral ist beschränkt und konvergiert daher.

b) Nein, wie das obige Beispiel zeigt.

c) Wenn die Reihe konvergiert, so strebt $\sum_1^{n+1} u_i$ als auch $\sum_1^{n} u_i$ gegen s, $u_{n+1} = \sum_1^{n+1} u_i - \sum_1^{n} u_i$ strebt daher gegen 0.

Aufgabe 4.

a) $\dfrac{u_{n+1}}{u_n} = \dfrac{1}{(n+1)^{1/p}}$ Konvergenz.

b) $\log n! \geqq \int_1^n \log x\, dx = n \log n - n + 1,\ n! \geqq n^n e^{-n+1}$

$$u_n \leqq \frac{e^{2(n-1)/n}}{n^2} < \frac{e^2}{n^2} \quad \text{Konvergenz.}$$

c) Es genügt, wenn man das Integral

$$\int_a^\infty (\log x)^{-\log x}\, dx$$

betrachtet. Setzt man

$$u := \log x \int_b^\infty \frac{e^u}{u^u}\, du,$$

so erkennt man die Konvergenz, denn $u^u > e^{2u}$ für $u > e^2$.

Aufgabe 5.

a) $\sin(k+\pi)n = \pm \sin kn$. Durch eine Translation um ein ganzzahliges Vielfaches von π kann man immer den Fall erreichen, in dem k einen Wert aus dem Intervall

$$\left(-\frac{\pi}{2}, \frac{\pi}{2}\right]$$

besitzt, und da $\sin(-kn) = -\sin kn$, kann man sich auf $\left[0, \frac{\pi}{2}\right]$ beschränken.

b) Für $k := 0$ sind alle Glieder der Reihe Null, die Reihe also konvergent. Wenn dies nicht der Fall ist, so hat eine der beiden Zahlen kn und $k(n+1)$, deren Differenz k ist, von einer Nullstelle des $\sin x$ einen Abstand kleiner oder gleich $\frac{k}{2}$.

c) $u_{2n} + u_{2n+1} \geq \dfrac{\sin \frac{k}{2}}{2n+1}$.

Aufgabe 6.

a) Man fasse die Glieder zu Gruppen zusammen,

wobei

$$m := p^2, \ldots, p^2 + 2p, \quad n := 1, \ldots, p$$

und $\qquad n := p, \quad m := 1, 2, \ldots, p^2 + 2p.$

Man erhält so eine Gruppe von $3p^2 + 3p$ Gliedern, die durch $1/p^4$ majorisiert werden. Die Reihe hat daher dasselbe Konvergenzverhalten wie die Reihe mit den allgemeinen Gliedern

$$\frac{3p^2 + 3p}{p^4}.$$

b) Man darf annehmen, daß $\alpha \leqq \beta$. Man gruppiere die Glieder entsprechend

$$\begin{cases} m := p^{\beta/\alpha}, \ldots, (p+1)^{\beta/\alpha} - 1 \\ n := 1, \ldots, p \end{cases}$$

(man nehme die nächst kleinere ganze Zahl, wenn diese Ausdrücke keine ganzen Zahlen ergeben) und entsprechend

$$n := p, \; m := 1, \ldots, (p+1)^{\beta/\alpha} - 1.$$

Man findet so

$$p\left((p+1)^{\beta/\alpha} - p^{\beta/\alpha}\right) + (p+1)^{\beta/\alpha} - 1.$$

Diese Glieder liegen zwischen

$$\frac{1}{p^{\beta\gamma}} \quad \text{und} \quad \frac{1}{2^\gamma (p+1)^{\beta\gamma}}.$$

Deren Summe ist also der allgemeine Term einer Reihe derselben Art, wie die Reihe mit den Gliedern

$$\frac{p^{\beta/\alpha}}{p^{\beta\gamma}}.$$

Konvergenz liegt vor, wenn $\gamma > \dfrac{1}{\alpha} + \dfrac{1}{\beta}$.

Aufgabe 7.

a) Es liegt vor: für $x := y := 0$ eine „schwierige Stelle“, ebenso für $x \Rightarrow \infty$ und eine analog für $y \Rightarrow \infty$.

Das Studium des Verhaltens im Ursprung ist in 10.2 durchgeführt worden. Konvergenz liegt für $\alpha < 1$ vor. Für $x \Rightarrow \infty$ gilt $x^2 \leqq x^2 + y^2 \leqq 1{,}1x^2$, sobald x groß genug ist.

Wir grenzen einen Bereich P durch Parallele zur y-Achse ab (siehe Abb. 5):

$$\iint\limits_P \frac{dx\,dy}{x^{2\alpha}} = \int\limits_{\text{Proj } P \text{ auf } Ox} \frac{dx}{x^{2\alpha+1}}.$$

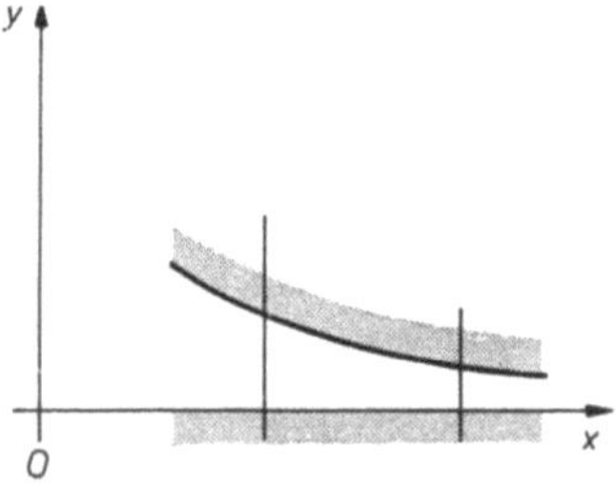

Abb. 5

Das letzte uneigentliche Integral existiert nur für $\alpha > 0$.

Das uneigentliche Integral existiert also insgesamt für

$$\alpha \in (0, 1).$$

b) Im Ursprung wächst die Funktion mit α. Man kann daher eine Bedingung der Art $\alpha < \alpha_0$ oder $\alpha \leqq \alpha_0$ angeben. Im Unendlichen ist die Funktion in α abnehmend. Man findet daher eine Bedingung der Art $\alpha \geqq \alpha_1$ oder $\alpha > \alpha_1$.

c) Man hat das Integral

$$\int\limits_a^\infty \frac{dx}{x^{2\alpha+1} \log^2 x}$$

zu untersuchen. Für $z := \log x$ gilt

$$\int_b^\infty \frac{e^{-2\alpha z}}{z^2}\, dz.$$

Dieses Integral konvergiert für $\alpha \geqq 0$.

Aufgabe 8.

Man unterteile das Dreieck, wie in Abb. 6 angegeben. In C ist das Integral von derselben Art wie

$$\iint_C x^p y^q \, dx \, dy.$$

Dieses Integral konvergiert nur für $p > -1$ und $q > -1$.
In D ist das Integral von derselben Art wie

$$\iint_D x^p (1 - x - y)^r \, dx \, dy.$$

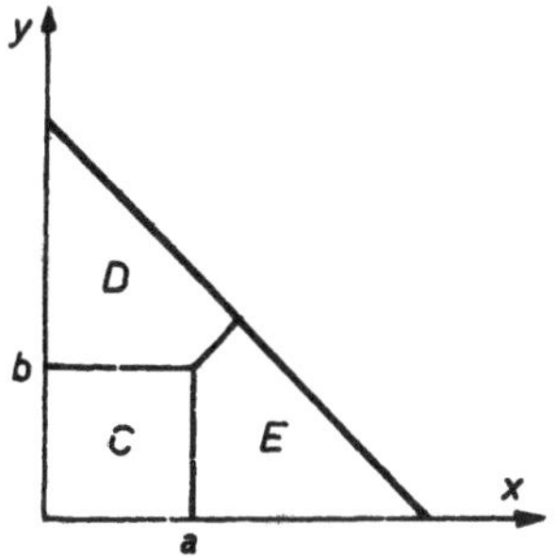

Abb. 6

Nimmt man x und $1 - x - y$ als neue Variable, so findet man, daß Konvergenz nur für

$$p > -1 \quad \text{und} \quad r > -1$$

vorliegt. In E findet man

$$q > -1 \quad \text{und} \quad r > -1.$$

Das gesamte Integral konvergiert daher nur für

$$p > -1 \quad \text{und} \quad q > -1 \quad \text{und} \quad r > -1.$$

Aufgabe 9.

a) Das Integral für das Potential

$$\int_{-\infty}^{+\infty} \frac{\mu\, dz}{\sqrt{a^2 + b^2 + z^2}}$$

konvergiert nicht. Das Feld hat die Komponenten

$$\int_{-\infty}^{+\infty} \frac{\mu a\, dz}{(a^2 + b^2 + z^2)^{3/2}}, \quad \int_{-\infty}^{+\infty} \frac{\mu b\, dz}{(a^2 + b^2 + z^2)^{3/2}},$$

$$\int_{-\infty}^{+\infty} \frac{\mu z\, dz}{(a^2 + b^2 + z^2)^{3/2}}.$$

Die verschiedenen Integrale sind konvergent.

b) Für die Potentialdifferenz erhält man

$$\int_{-\infty}^{+\infty} \mu \left(\frac{1}{\sqrt{a^2 + b^2 + z^2}} - \frac{1}{\sqrt{a'^2 + b'^2 + (z-h)^2}} \right) dz.$$

Dieses Integral ist konvergent, denn

$$\frac{1}{\sqrt{a^2 + b^2 + z^2}} - \frac{1}{\sqrt{a'^2 + b'^2 + (z-h)^2}} \sim \frac{-2h}{z^2}.$$

c) Zur Berechnung des Integrals betrachte man

$$\int_{-N}^{N} \mu \frac{dz}{\sqrt{a^2 + b^2 + z^2}}, \quad \int_{-N}^{N} \mu \frac{dz}{\sqrt{a'^2 + b'^2 + (z-h)^2}}.$$

Man bildet daraus die Differenz und berechne den Grenzwert für N gegen unendlich. Mit

$$d^2 := a^2 + b^2, \qquad d'^2 := a'^2 + b'^2$$

findet man

$$\mu \log\left(\frac{N + \sqrt{d^2 + N^2}}{-N + \sqrt{d^2 + N^2}} \cdot \frac{-(N+h) + \sqrt{d'^2 + (N+h)^2}}{N - h + \sqrt{d'^2 + (N-h)^2}}\right).$$

Die Wurzeln in den Ausdrücken mit $-N$ entfernt man durch Multiplikation mit dem konjugierten Wert. Es bleibt

$$\mu \log\left(\frac{(N + \sqrt{d^2 + N^2})^2}{(N - h + \sqrt{d'^2 + (N-h)^2})}\right.$$

$$\left.\times \frac{1}{(N + h + \sqrt{d'^2 + (N+h)^2})} \frac{d'^2}{d^2}\right),$$

und dieser Ausdruck geht gegen $\mu \log \frac{d'^2}{d^2}$.

Aufgabe 10.

a) Die Eigenschaft ist in 12.2 nachgewiesen worden.

b) Man modifiziere die Überlegung aus 12.2 auf die folgende Art. Hat man die Mengen Q_i mit

$$\left|\int_{Q_i} f \, d\mu - l\right| \leqq \frac{1}{2^i}$$

konstruiert, so setze man

$$Q_{i+1} := Q_i \cup P_{i+1} \cup \pi_{i+1}.$$

Die Mengen π_{i+1} seien disjunkt zu $Q_i \cup P_{i+1}$ und so gewählt, daß

$$\left| \int_{Q_{i+1}} f \, d\mu - l \right| \leqq \frac{1}{2^{i+1}}.$$

Dies ist stets möglich, da

$$\int f^+ \, d\mu \quad \text{und} \quad \int f^- \, d\mu$$

nicht beschränkt sind und keine punktförmigen Massen vorhanden sind.

c) Man gehe ebenso vor. Man kann die Ausdrücke π_{i+1} immer so wählen, daß die Partialsummen im Intervall

$$\left[l - \frac{1}{2^{i+1}}, \quad l + \frac{1}{2^{i+1}} \right]$$

abnehmen.

Aufgabe 11.

a) Für die Komponenten erhält man

$$\mu \int_S \frac{x}{r^3} \, ds, \quad \mu \int_S \frac{y}{r^3} \, ds, \quad \mu \int_S \frac{z}{r^3} \, ds, \quad S \text{ Inhalt der Fläche.}$$

Wir setzen $p := f'_x(x, y), \quad q := f'_y(x, y)$.
Die Integrale erhalten dann die Form

$$\mu \iint \frac{x\sqrt{1 + p^2 + q^2} \, dx \, dy}{(x^2 + y^2 + f^2)^{3/2}}, \quad \mu \iint \frac{y\sqrt{1 + p^2 + q^2} \, dx \, dy}{(x^2 + y^2 + f^2)^{3/2}},$$

$$\mu \iint \frac{f\sqrt{1 + p^2 + q^2} \, dx \, dy}{(x^2 + y^2 + f^2)^{3/2}}.$$

b) Im Ursprung kann man f gegenüber $\sqrt{x^2 + y^2}$ vernachlässigen. Der Faktor $\sqrt{1 + p^2 + q^2}$ beeinflußt die

Konvergenz nicht. Es genügt daher, wenn man die folgenden Ausdrücke untersucht:

$$\iint \frac{x\,dx\,dy}{(x^2+y^2)^{3/2}}, \qquad \iint \frac{y\,dx\,dy}{(x^2+y^2)^{3/2}}.$$

Mit der Entwicklung im Ursprung

$$f(x, y) = ax^2 + 2bxy + cy^2 + \varepsilon(x^2 + y^2)$$

ergibt sich

$$\iint \frac{(ax^2 + 2bxy + cy^2)\,dx\,dy}{(x^2+y^2)^{3/2}}.$$

Nun geht man zu Polarkoordinaten über. Der dritte Ausdruck wird dann

$$\iint (a\cos^2\theta + 2b\cos\theta\sin\theta + c\sin^2\theta)\,d\varrho\,d\theta.$$

Dabei handelt es sich nicht mehr um ein uneigentliches Integral.

c) Die beiden ersten Ausdrücke ergeben:

$$\iint \frac{\cos\theta}{\varrho}\,d\varrho\,d\theta, \qquad \iint \frac{\sin\theta}{\varrho}\,d\varrho\,d\theta.$$

Diese Integrale sind nicht konvergent.

d) Der Ausdruck

$$\frac{(x^2+y^2)\sqrt{1+p^2+q^2}}{(x^2+y^2+f^2)^{3/2}}$$

gestattet die Entwicklung $1 + \lambda x + \bar{\lambda} y + \varepsilon\sqrt{x^2+y^2}$ im Ursprung (man braucht λ und $\bar{\lambda}$ gar nicht explizit zu berechnen). Für die x-Komponente erhält man

$$\mu \iint \frac{x}{(x^2+y^2)^3}\,dx\,dy + \mu \iint \frac{x(\lambda x + \bar{\lambda} y)\,dx\,dy}{(x^2+y^2)^{3/2}}$$

$$+\mu\int\int\frac{x\varepsilon\,dx\,dy}{x^2+y^2}.$$

Durch Übergang zu Polarkoordinaten sieht man, daß
der letzte Ausdruck mit ε gegen Null geht;
der zweite Ausdruck kein uneigentliches Integral mehr ist;
der erste Ausdruck in jedem bezüglich O symmetrischen Bereich Null ist.

e) Ja, denn diese Eigenschaft beruht auf einer teilweisen Kompensation (die Aussage wird falsch, wenn man zum absoluten Betrag übergeht).

Aufgabe 12.

a) und b) w_n und v_n sind von derselben Art.

c) Für $\alpha \leqq 0$ konvergiert die Reihe nicht, weil die allgemeinen Glieder keine Nullfolge bilden.
Für $\alpha > 0$:

$$\log\left(1+\frac{(-1)^n}{n^\alpha}\right)\sim\frac{(-1)^n}{n^\alpha}.$$

Somit konvergiert die Reihe für $\alpha > 1$.

d) Zur Untersuchung der Semikonvergenz setzt man:

$$\log\left(1+\frac{(-1)^n}{n^\alpha}\right)=\frac{(-1)^n}{n^\alpha}-\frac{(1+\varepsilon)}{2n^{2\alpha}}\cdots$$

Die Reihe $\frac{(-1)^n}{n^\alpha}$ ist für $\alpha > 0$ semikonvergent. Die Reihe $\frac{1}{2n^{2\alpha}}$ konvergiert nur für $\alpha > \frac{1}{2}$.

Damit ergibt sich

$\alpha \leqq \frac{1}{2}$	keine Semikonvergenz
$\frac{1}{2} < \alpha \leqq 1$	Semikonvergenz
$1 < \alpha$	Konvergenz.

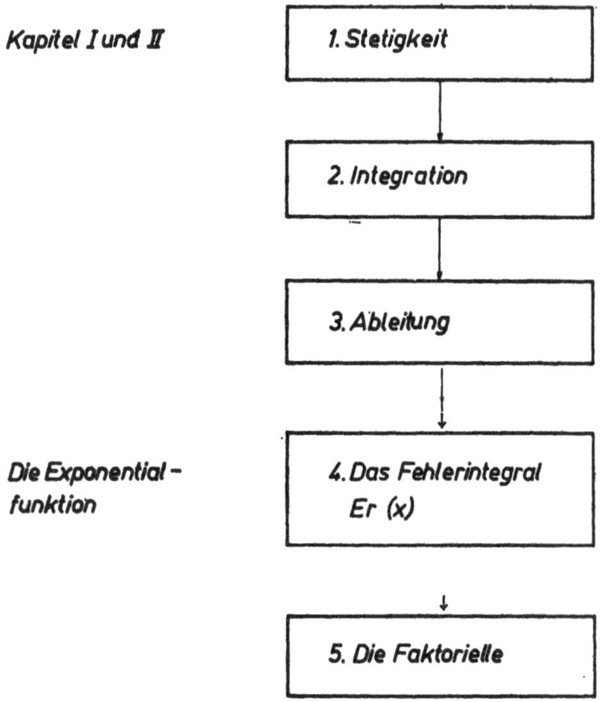
Kapitel I und II
1. Stetigkeit
2. Integration
3. Ableitung
Die Exponential-funktion
4. Das Fehlerintegral Er (x)
5. Die Faktorielle

KAPITEL III

Durch uneigentliche Integrale und unendliche Reihen definierte Funktionen

1.1. Vorbemerkungen

Das Studium der Eigenschaften endlicher Summen gehört zur elementaren Mathematik. In Kapitel I sind Eigenschaften von Integralen untersucht worden. Diese Eigenschaften treffen nicht unmittelbar auch auf unendliche Reihen oder auf uneigentliche Integrale zu. Man findet dafür leicht Beispiele aus der Physik:

Betrachten wir eine elektrische Ladungsverteilung in einem Raumbereich R. Die Ladungsdichte sei ϱ. Die Komponenten des Feldes in einem Punkt M außerhalb von R sind durch Integrale gegeben. Durch Ableitung unter dem Summenzeichen zeigt man leicht, daß die Divergenz des Feldes Null ist.

Wenn der Punkt M in R liegt, so bleiben die Ausdrücke für die Feldkomponenten gültig, stellen jedoch keine Integrale, sondern uneigentliche Integrale dar.

Dürfte man weiterhin unter dem Summenzeichen wie bei Integralen ableiten, so ergäbe sich für die Divergenz wieder der Wert Null, während sie in Wirklichkeit proportional ϱ ist.

1. Stetigkeit

2.1. Problemstellung

M sei eine Variable, die zu einem Raum mit dem Maß μ gehöre. N sei eine Variable, die zu einem mit einer Abstandsfunktion d versehenen Raum gehört, wo sie eine Menge E beschreibe.

Wir betrachten das uneigentliche Integral

$$I(N) := \int_{P(N)} f(M, N)\, d\mu .$$

Die Untersuchung dieses uneigentlichen Integrals in einer Umgebung von N_0 führen wir durch, indem wir den Ausdruck in ein Integral und einen Zusatzterm zerlegen.

Wir nehmen an, daß man für $N \in E$ und $\varepsilon > 0$ schreiben kann

$$P(N) = T(N) \cup S(N), \qquad T(N) \text{ und } S(N) \text{ disjunkt}$$

und daß die folgenden Eigenschaften gelten:

a) $J(N) := \int_{T(N)} f(M, N)\, d\mu$

ist ein Integral (und nicht mehr ein uneigentliches Integral), für das die Überlegungen aus Kapitel I, 14 und 15 die Annahme der Stetigkeit bezüglich N gestatten.

b) $K(N) := \int_{S(N)} f(M, N)\, d\mu$

genüge der Ungleichung $|K(N)| \leqq \frac{\varepsilon}{3}$.

Wir wollen nun zeigen, daß daraus die Stetigkeit von $I(N)$ bezüglich N folgt.

Man kann nämlich ein $\eta > 0$ finden, so daß

$$d(N_0, N) \leqq \eta \Rightarrow |J(N) - J(N_0)| \leqq \frac{\varepsilon}{3}$$

und daraus folgt

$$I(N) - I(N_0) = J(N) - J(N_0) + K(N) - K(N_0)$$

$$|I(N) - I(N_0)| \leqq |J(N) - J(N_0)| + |K(N)| + |K(N_0)|$$

$$\leqq \frac{\varepsilon}{3} + \frac{\varepsilon}{3} + \frac{\varepsilon}{3} \leqq \varepsilon .$$

2.2. Beispiele

a) Wir betrachten das uneigentliche Integral

$$I(\lambda) := \int_0^\infty e^{-\lambda x} \frac{\sin x}{x}\, dx, \qquad \lambda \geqq a < 0.$$

Man weist die Konvergenz des Ausdruckes leicht nach. Wir nehmen

$$J(\lambda) := \int_0^A e^{-\lambda x} \frac{\sin x}{x}\, dx, \quad A \text{ unabhängig von } \lambda.$$

$J(\lambda)$ ist stetig bezüglich λ.

Es bleibt zu zeigen, daß man A unabhängig von λ so wählen kann, daß gilt

$$\left| \int_A^\infty e^{-\lambda x} \frac{\sin x}{x}\, dx \right| \leqq \frac{\varepsilon}{3}.$$

Es gilt $\left| \int_A^\infty e^{-\lambda x} \frac{\sin x}{x}\, dx \right| \leqq \int_A^\infty e^{-ax}\, dx = \frac{e^{-aA}}{a}.$

Man muß also A so bestimmen, daß

$$\frac{e^{-aA}}{a} \leqq \frac{\varepsilon}{3}$$

was leicht durchgeführt werden kann.

Übung 1. Man integriere den Ausdruck

$$I(\lambda) := \int_{2\pi}^\infty e^{-\lambda x} \frac{\sin x}{x}\, dx$$

partiell, so daß im Nenner x^2 erscheint. Man schließe daraus, daß das vorliegende Integral $\lambda \geqq 0$ stetig ist.

b) Wir betrachten das elektrostatische Potential einer Ladung, die mit der Volumendichte μ über einen beschränkten Bereich R_0 verteilt ist. (Die Dichte kann von Punkt zu Punkt variieren, sie soll jedoch beschränkt sein.)

Für das Potential im Punkt $M(x, y, z)$ ergibt sich

$$V(x, y, z) = \iiint\limits_{R_0} \frac{\mu(x_0, y_0, z_0)\, dx_0\, dy_0\, dz_0}{\sqrt{(x - x_0)^2 + (y - y_0)^2 + (z - z_0)^2}}$$

Man nehme an, daß dieses Integral (oder uneigentliches Integral) existiert.

Es sei $P(\alpha, \beta, \gamma)$ ein Punkt von R_0. Wir nehmen eine kleine Kugel S mit dem Mittelpunkt P und dem Radius η. Wir beschränken uns auf die Punkte M, die innerhalb der Kugel mit dem Mittelpunkt P und dem Radius $\eta/2$ liegen.

Der Bereich K sei das Innere der Kugel S. Es gilt

$$V(x, y, z) = \iiint\limits_{R_0 - S} + \iiint\limits_{S}$$

Das erste Integral genügt den Bedingungen von Kapitel II, 15.1. Das zweite Integral ist leicht abzuschätzen. Mit sphärischen Polarkoordinaten um das Zentrum M erhält man

$$\iiint \mu r \cos\theta \, dr\, d\theta\, d\varphi$$

Dieser Ausdruck ist kein uneigentliches Integral mehr und kann leicht durch einen Term in $H\eta^2$ nach oben abgeschätzt werden. Man kann η so wählen, daß diese Größe kleiner als ε wird. Das elektrostatische Potential ist also in M stetig.

Übung 2. Lassen sich die Eigenschaften des vorhin angegebenen Potentials auch auf die Komponenten des elektrostatischen Feldes ausdehnen, z. B. auf

$$E_x = \iiint\limits_{R_0} \frac{\mu(x_0, y_0, z_0)(x - x_0)\,dx_0\,dy_0\,dz_0}{((x - x_0)^2 + (y - y_0)^2 + (z - z_0)^2)^{3/2}}?$$

c) Wir betrachten nun die Reihe

$$I(\theta) := \frac{\cos\theta}{1^2} + \frac{\cos 2\theta}{2^2} + \cdots + \frac{\cos n\theta}{n^2} + \cdots$$

Die Reihe konvergiert offensichtlich für beliebige θ.

Wir zerlegen den Ausdruck in die endliche Summe

$$J(\theta) := \sum_1^N \frac{\cos n\theta}{n^2},$$

die für beliebige θ stetig ist, und in die Restreihe

$$K(\theta) := \sum_{N+1}^{\infty} \frac{\cos n\theta}{n^2}.$$

Es gilt

$$|K(\theta)| \leqq \sum_{N+1}^{\infty} \frac{1}{n^2},$$

und man kann N so wählen, daß

$$\sum_{N+1}^{\infty} \frac{1}{n^2} \leqq \frac{\varepsilon}{3}.$$

Die Summe der obigen Reihe ist daher für beliebige θ stetig.

3.1. Normale Konvergenz

Die normale Konvergenz ist eine Bedingung, die es gestattet, einfache Kriterien für die Stetigkeit, Integrierbarkeit und Differenzierbarkeit von uneigentlichen Integralen anzugeben. Sie bezieht sich auf einen fest vorgegebenen Bereich. Die Punkte, in deren Umgebung die Funktion nicht beschränkt ist, sind ebenfalls festgelegt zu denken. Im Rahmen des Anwendungsbereiches der Regeln für die Praxis sind sodann die regulären Folgen von Teilmengen ebenfalls fixiert.

Das Integral

$$I(N) := \int_P f(M, N)\, d\mu, \qquad N \in E$$

heißt *normal konvergent* in E, wenn für $M \in P$ und $N \in P$ eine Funktion $\varphi(M)$ existiert, so daß gilt

a) $|f(M, N)| \leqq \varphi(M)$

b) $\int_{P_n} \varphi(M)\, d\mu$ ist ein Integral für jedes P_n, das zu einer regulären Folge von Teilmengen gehört.

c) $\int_P \varphi(M)\, d\mu$ existiert.

Aus der normalen Konvergenz in E folgt die Konvergenz in jedem Punkt N von E. Es gilt nämlich

$$\int_{P_n} |f(M, N)|\, d\mu \leqq \int_{P_n} \varphi(M)\, d\mu \leqq \int_P \varphi(M)\, d\mu.$$

3.2. Studium der normal konvergenten uneigentlichen Integrale über stetige Funktionen im Rahmen des Anwendungsbereiches der Regeln für die Praxis

Wir machen die folgenden Voraussetzungen:

a) $\int_P f(M, N)\, d\mu$ ist normal konvergent in E.

b) $f(M, N)$ ist stetig in $P \times E$.

Wir beschränken uns auf den Anwendungsbereich der Regeln für die Praxis.

Man erkennt sogleich, daß in $P_n \times E$ die Funktion $f(M, N)$ stetig und beschränkt ist, da gilt

$$|f(M, N)| \leqq \varphi(M)$$

und daß $\varphi(M)$ integrierbar ist. Nach Kapitel I, 5.1 darf man daher die Existenz des Integrals

$$\int_{P_n} f(M, N)\, d\mu$$

voraussetzen. Ebenso darf man nach Kapitel I, 15.1 annehmen, daß das Integral bezüglich N stetig ist.

Schließlich gilt

$$\left| \int_{P-P_n} f(M, N)\, d\mu \right| \leqq \int_{P-P_n} \varphi(M)\, d\mu,$$

und daher läßt sich die Begründung von 2.1 mit

$$T := P_n \qquad S := P - P_n$$

anwenden, wobei n so gewählt ist, daß

$$\int_{P-P_n} \varphi(M)\, d\mu \leqq \frac{\varepsilon}{3}.$$

Übung 3. Man formuliere die Bedingung für die normale Konvergenz und das Kriterium für die Stetigkeit von einfachen Reihen mit dem allgemeinen Glied $u_n(\lambda)$.

Übung 4. Man zeige, daß in den Beispielen a) und c) von 2.2 die normale Konvergenz bereits benutzt wurde.

Übung 5. Für welche Werte von a sind die Reihen

$$S(a) := \sum_0^\infty \frac{1}{n^2 + a^2} \quad \text{und} \quad T(a) := \sum_1^\infty \frac{1}{n^2 + a^2}$$

stetig?

2. Integration

4.1. Formel für die Integration unter dem Summenzeichen

Wir formulieren das Problem in sehr allgemeiner Weise. Es handle sich um die Funktion $f(M, N)$. Die Variable M gehöre zu einem Raum, der mit einem Maß μ versehen ist, die Variable N zu einem Raum mit dem Maß ν. Gesucht sind die Bedingungen, unter denen man

$$\int_P d\mu \int_Q f(M, N)\, d\nu = \int_Q d\nu \int_P f(M, N)\, d\mu$$

schreiben darf, wobei einige der Ausdrücke uneigentliche Integrale sind.

4.2. Einschränkung des Problems

Wir studieren nur einen Spezialfall des vorhin erwähnten Problems, nämlich den, wo höchstens der Ausdruck über P ein uneigentliches Integral ist.

Wir setzen voraus, daß man eine reguläre Folge von Teilmengen finden kann

$$P_1 \subseteq P_2 \subseteq \cdots \subseteq P_n \subseteq \cdots,$$

so daß die Integrale

$$\int_{P_n}\int_Q \quad \text{und} \quad \int_Q\int_{P_n}$$

im Sinne von Kapitel I gleich sind.

Um die Gleichheit der Größen

$$\int_P\int_Q \quad \text{und} \quad \int_Q\int_P,$$

deren Existenz man voraussetzt, nachzuweisen, genügt es, wenn man zeigt, daß die folgende Bedingung erfüllt ist:

$$\forall \varepsilon \exists n \left[\varepsilon \geqq 0 \Rightarrow \left| \int\limits_{P-P_n} \int\limits_{Q} \right| \leqq \varepsilon \text{ und } \left| \int\limits_{Q} \int\limits_{P-P_n} \right| \leqq \varepsilon \right].$$

Tatsächlich gilt

$$\int\limits_{P}\int\limits_{Q} - \int\limits_{Q}\int\limits_{P} = \left(\int\limits_{P_n}\int\limits_{Q} - \int\limits_{Q}\int\limits_{P_n}\right) + \int\limits_{P-P_n}\int\limits_{Q} - \int\limits_{Q}\int\limits_{P-P_n}.$$

Der erste Klammerausdruck ist 0. Die beiden anderen Glieder der rechten Seite können dem Betrag nach kleiner als ε gemacht werden. Der Ausdruck auf der linken Gleichungsseite muß also den Wert 0 haben.

4.3. *Regel für die Praxis im Falle eines normal konvergenten uneigentlichen Integrals über eine stetige Funktion*

Wir verwenden nochmals die Voraussetzungen von 3.2. Wir wollen zeigen, daß man im Rahmen des Anwendungsbereiches der Regeln für die Praxis

$$\int\limits_{P}\int\limits_{Q} f(M, N)\, d\nu\, d\mu = \int\limits_{Q}\int\limits_{P} f(M, N)\, d\mu\, d\nu$$

als richtig annehmen darf. Wir wissen bereits, daß man die Existenz und Stetigkeit des Integrals

$$I_n(N) := \int\limits_{P_n} f(M, N)\, d\mu$$

und des uneigentlichen Integrals

$$I(N) := \int\limits_{P} f(M, N)\, d\mu$$

voraussetzen darf. Diese Größen sind übrigens dem Betrag nach durch

$$\int\limits_{P} \varphi(M)\, d\mu$$

beschränkt. Man darf daher die Existenz von

$$\int_Q \int_P \quad \text{und} \quad \int_Q \int_{P_n}$$

voraussetzen. Weiterhin darf man wegen der Stetigkeit und Beschränktheit von $f(M, N)$ in $P_n \times Q$ die Existenz von

$$\int_{P_n \times Q} f(M, N)\, d(\mu \times \nu)$$

sowie die Existenz und Stetigkeit von

$$\int_Q f(\mathrm{M}, \mathrm{N})\, d\nu$$

voraussetzen. Dieser Ausdruck ist durch $\varphi(M)\,\nu(Q)$ beschränkt. Man darf daher die Existenz von

$$\int_{P_n} \int_Q \quad \text{und} \quad \int_P \int_Q$$

voraussetzen. Schließlich werden

$$\left| \int_{P-P_n} \int_Q f(M, N)\, d\nu\, d\mu \right| \quad \text{und} \quad \left| \int_Q \int_{P-P_n} f(M, N)\, d\mu\, d\nu \right|$$

durch

$$\nu(Q) \int_{P-P_n} \varphi(M)\, d\mu$$

nach oben majorisiert, wodurch der Beweis für alle Behauptungen in 4.2 erbracht ist.

5.1. Anwendung

Es sei zu zeigen, daß man für $0 < a_1 \leqq a_2$ schreiben darf

$$\int_0^\infty \int_{a_1}^{a_2} \sin x\, e^{-ax}\, da\, dx = \int_{a_1}^{a_2} \int_0^\infty \sin x\, e^{-ax}\, dx\, da.$$

In $[a_1, a_2] \times [0, \infty)$ ist $x e^{-ax}$ eine stetige Funktion. Darüber hinaus gilt

$$|\sin x e^{-ax}| \leqq e^{-a_1 x}$$

und

$$\int_0^\infty e^{-a_1 x}\, dx = \frac{1}{a_1}.$$

Somit liegt in $[a_1, a_2]$ normale Konvergenz von $\int\limits_0^\infty$ vor, womit der Beweis vollständig ist.

Übung 6. Man führe die Integration unter dem Summenzeichen in dem eben behandelten Beispiel aus. Man folgere daraus

$$\int_0^\infty \frac{\sin x}{x} e^{-ax}\, dx = \operatorname{arc\,tan} \frac{1}{a}, \; a > 0.$$

Übung 7.

a) Man finde die Bedingungen für die Gültigkeit von

$$\int_{a_1}^{a_2} \int_0^\infty \frac{dx}{\cosh^2 dx}\, da = \int_0^\infty \int_{a_1}^{a_2} \frac{da}{\cosh^2 ax}\, dx.$$

b) Man schließe daraus auf den Wert von

$$\int_0^\infty \frac{\tanh a_2 x - \tanh a_1 x}{x}\, dx.$$

5.2. Eine andere Anwendung

Wir betrachten die Reihe

$$I(\theta) := \frac{\cos\theta}{1^2} + \frac{\cos 2\theta}{2^2} \cdots + \frac{\cos n\theta}{n^2} + \cdots$$

Darf man diese Reihe gliedweise integrieren, d. h., darf man schreiben

$$\int_0^\theta I(u)\,du = \frac{\sin\theta}{1^3} + \cdots + \frac{\sin n\theta}{n^3} + \cdots ?$$

Die Bedingungen für die Richtigkeit dieser Vorgangsweise im Rahmen der Regeln für die Praxis sind:

a) Die Stetigkeit jedes Gliedes, was offensichtlich erfüllt ist.

b) Die normale Konvergenz der Reihe $I(\theta)$, was ebenfalls erfüllt ist, da

$$\left|\frac{\cos n\theta}{n^2}\right| \leq \frac{1}{n^2}.$$

Auf der rechten Seite steht das allgemeine Glied einer konvergenten Reihe.

Übung 8. Man gebe ein Kriterium für die gliedweise Integration einer einfachen Reihe unter den folgenden Bedingungen an:

das Integral ist ein einfaches Integral;

die Reihe ist normal konvergent;

es bestehe keine Voraussetzung über die Stetigkeit des allgemeinen Gliedes der Reihe;

es handle sich um eine Aussage im Rahmen der Regeln für die Praxis.

Übung 9. Man finde die Bedingungen für die Gültigkeit von

$$\int_0^\alpha \left(\sum_1^\infty \frac{1}{n^2+a^2}\right) da = \sum_1^\infty \int_0^\alpha \frac{da}{n^2+a^2}.$$

(Man kann das Resultat von Übung 5 benutzen.)

5.3. *Rückkehr zum allgemeinen Fall*

Wir behandeln den allgemeinen Fall nicht näher, führen aber einige Probleme an, die Sonderfälle darstellen und die für Physiker interessant sind.

Gliedweise Integration einer Reihe von 0 bis ∞.

Vertauschen der Summenzeichen in

$$\sum_{i:=1}^\infty \left(\sum_{j:=1}^\infty u_{i,j}\right) = \sum_{j:=1}^\infty \left(\sum_{i:=1}^\infty u_{i,j}\right).$$

Vertauschen der Reihenfolge in

$$\int_0^\infty dx \int_0^\infty f(x, y)\, dy = \int_0^\infty dy \int_0^\infty f(x, y)\, dx.$$

Übung 10. Man betrachte

$$u_{i,j} := \begin{cases} 1, \text{ wenn } i = j, \\ -1, \text{ wenn } i = j+1, \\ 0 \text{ überall sonst.} \end{cases}$$

Man bilde

$$\sum_{i:=0}^\infty \left(\sum_{j:=0}^\infty u_{i,j}\right) \text{ und } \sum_{j:=0}^\infty \left(\sum_{i:=0}^j u_{i,j}\right)$$

und vergleiche die beiden Ausdrücke.

3. Ableitung

6.1. Problemstellung

Die Ableitung eines uneigentlichen Integrals unterliegt denselben Bedingungen wie die Ableitung von Integralen. Die Voraussetzungen, Folgerungen und Überlegungen von Kapitel I, 17.1, 17.2 (mit Ausnahme der Bemerkung), 17.3 (indem man die Bedingungen für die Integrierbarkeit eines Grenzwertes auf uneigentliche Integrale anwendet) können vollkommen unverändert auf den Fall übertragen werden, wo

$$\int_P f(M, y)\, d\mu$$

kein Integral, sondern ein uneigentliches Integral ist.

6.2. Formulierung einer Regel für die Praxis

Im Rahmen der Regeln für die Praxis folgt aus den Voraussetzungen:

a) $\int_P f(M, y_0)\, d\mu$ existiert für $y_0 \in [\gamma, \delta]$.

b) $\int_P f'_y(M, y)\, d\mu$ konvergiert normal in demselben Intervall.

c) Aus $\int f'_y(M, y)$ ist stetig in $P \times [\gamma, \delta]$ folgt, daß $\int_P f(M, y)\, d\mu$ unter dem Summenzeichen ableitbar ist.

Übung 11. Beweise diese Regel.

Übung 12. Man bilde die Ableitung unter dem Summenzeichen von

$$I(\lambda) := \int_1^\infty t^\lambda e^{-t}\, dt.$$

Übung 13. Man differenziere gliedweise

$$I(\theta) := \frac{\sin\theta}{1^3} + \cdots + \frac{\sin n\theta}{n^3} + \cdots$$

Übung 14. Für welche Werte von a darf man unter dem Summenzeichen

$$I(a) := \int_0^\infty \frac{dx}{\cosh^2 ax}$$

ableiten. Man verifiziere das Ergebnis direkt.

Übung 15. Für welche Werte von a darf man

$$T(a) := \sum_1^\infty \frac{1}{n^2 + a^2}$$

gliedweise differenzieren.

Aufgabe 1.

a) Man zeige, daß

$$\frac{1}{2} + a\cos\theta + \ldots + a^n \cos n\theta$$

$$= \frac{1 - a^2 - 2a^{n+1}\cos(n+1)\theta + 2a^{n+2}\cos n\theta}{2(1 - 2a\cos\theta + a^2)}.$$

b) Man schließe daraus, daß die Reihe mit dem allgemeinen Glied $u_n := a^n \cos n\theta$ für $|a| < 1$ konvergiert. Was kann man für $|a| \geqq 1$ aussagen? Wie verhält sich die Reihe für $a := \cos\theta$?

c) Man zeige durch gliedweise Ableitung der beiden Gleichungsseiten des obigen Ausdruckes nach θ, daß die

Reihe mit dem allgemeinen Glied

$$v_n := n a^n \sin n\,\theta$$

unter denselben Bedingungen konvergiert und als Summe die Ableitung der Summe der Reihe mit dem allgemeinen Glied u_n besitzt.

d) Man leite dieselben Ergebnisse mit Hilfe der Theorie der gliedweisen Ableitung ab.

Aufgabe 2.

Man betrachte die Reihe mit dem allgemeinen Glied

$$u_n := \frac{(-1)^n\,2n}{4n^2-1}\cos 2nx\,.$$

Mit S_n werde die Summe der ersten n Glieder bezeichnet.

a) Man zeige, daß die Glieder dieser Reihe eine Nullfolge bilden.

b) Man bilde

$$T_n := \frac{\cos x + (-1)^n \cos(2n+1)x}{2\cos x}$$

und berechne

$$T_n - T_{n-1} = (-1)^n \cos 2nx\,.$$

Man wende auf diese Reihe die Abelsche Transformation an.

c) Man zeige, daß die gefundene Reihe für

$$x \neq (2k+1)\,\frac{\pi}{2}$$

konvergiert.

d) Man schließe daraus, daß die Reihe mit dem allgemeinen Glied u_n für dieselben Werte von x semikonvergent ist und daß ihre Summe in diesem Wertebereich stetig ist.

e) Wie verhält es sich für $x := \frac{\pi}{2}$?

f) Man untersuche die Summe dieser Reihe für Werte von x in einer Umgebung von $\frac{\pi}{2}$. Man setze

$$0 < A \leqq a \leqq B < \frac{\pi}{2}, \quad x := \frac{\pi}{2} - \frac{a}{2n+1}.$$

Man beweise die folgenden Formeln:

α) $S_n(x) > \cos a \sum_{k:=1}^{n} \frac{2k}{4k^2 - 1}$

β) $|T_i(x)| \leqq \frac{1}{|\cos x|}$

γ) für $q > n$ gilt $|S_q(x) - S_n(x)| \leqq \frac{K}{a}$, K eine geeignete Konstante.

δ) Man schließe daraus, daß die Summe der Reihe für x gegen $\frac{\pi}{2}$ unbeschränkt wächst.

Aufgabe 3.

Einen Ausdruck der Form

$$(1 + u_1)(1 + u_2) \dots (1 + u_n) \dots$$

mit

$$\exists N [n > N \Rightarrow 1 + u_n > 0]$$

bezeichnet man als unendliches Produkt. Ein derartiges Produkt bezeichnet man auch durch

$$\prod_{1}^{\infty} (1 + u_n).$$

Man sagt, das obige unendliche Produkt sei semikonvergent, wenn

$$l := \lim_{n\to\infty} \prod_{1}^{n} (1 + u_i)$$

existiert und ungleich Null ist.

a) Man zeige, daß die Semikonvergenz eines unendlichen Produktes äquivalent mit der Semikonvergenz einer gewissen Reihe ist. Welche Eigenschaft ist äquivalent der Konvergenz dieser Reihe?

b) Man betrachte das unendliche Produkt

$$S(x) := x\left(1 - \frac{x^2}{1^2}\right) \cdots \left(1 - \frac{x^2}{n^2}\right) \cdots$$

und untersuche dessen Konvergenz.

c) Schreibt man

$$S(x) := x\left(\frac{1-x}{1}\right)\left(\frac{1+x}{1}\right) \cdots \left(\frac{n-x}{n}\right)\left(\frac{n+x}{n}\right) \cdots,$$

so sieht man leicht, daß $S(x+1)$ und $-S(x)$ aus genau denselben Faktoren in etwas verschiedener Anordnung bestehen. Kann man streng beweisen, daß $S(x+1) = -S(x)$?

d) Man zeige, daß $S(x)$ eine stetige Funktion von x ist. Man betrachte die Reihe

$$T(x) := \frac{1}{x} - \frac{2x}{1^2 - x^2} - \cdots - \frac{2x}{n^2 - x^2} \cdots$$

Man zeige, daß diese Reihe für alle nicht ganzzahligen x konvergiert und stetig ist.

Welche Relation besteht zwischen $S(x)$ und $T(x)$?

Aufgabe 4.

Man betrachte die Reihe

$$S(x) := \sum_{n;=1}^{\infty} \frac{e^{-2nx}}{4n^2 - 1}.$$

a) Man zeige, daß diese Reihe für $x \in [0, +\infty)$ konvergiert, und daß ihre Summe eine stetige Funktion von x ist.

b) Man multipliziere jedes Glied der Reihe mit e^{-x} und bilde die gliedweise Ableitung. Man erhält eine Funktion $T(x)$ in Form einer Reihe. Für welche Werte von x ist diese Vorgangsweise berechtigt?

c) Man multipliziere die neue Reihe gliedweise mit e^{2x} und bilde die gliedweise Ableitung. Man erhält eine Funktion $U(x)$ in Form einer Reihe. Für welche Werte von x ist diese Vorgangsweise berechtigt?

d) Man berechne $U(x)$.

e) Man berechne daraus $S(x)$ und $T(x)$ durch Integration und Bildung des Grenzwertes für x gegen Unendlich.

f) Kann man daraus auf $S(0)$ schließen?

g) Man zeige, daß

$$\left(\frac{1}{1} - \frac{1}{3}\right) + \left(\frac{1}{3} - \frac{1}{5}\right) + \left(\frac{1}{5} - \frac{1}{7}\right) + \cdots = 1$$

und schließe daraus, daß der für $S(0)$ gefundene Wert korrekt ist.

Aufgabe 5.

Man suche eine Reihe der Form

$$x + a_2 x^2 + \ldots + a_n x^n + \ldots,$$

deren Summe die Lösung der Differentialgleichung (E)

$$xy'' + y = 0$$

ist.

a) Man bestimme durch eine formale Rechnung (d. h. unter Voraussetzung der Berechtigung der gliedweisen Ableitung) die Koeffizienten der Reihe.

b) Man verifiziere, daß die gefundene Reihe konvergent und für alle Werte von x zweimal gliedweise differenzierbar ist. Man schließe daraus, daß ihre Summe $y_1(x)$ eine Lösung der Differentialgleichung ist.

c) Man zeige, daß es Koeffizienten $b_1, b_2, \dots b_n, \dots$ gibt, so daß

$$-y_1 \log x + 1 + x + \dots + b_n x^n$$

ebenfalls eine Lösung von (E) ist. Man gehe auf dieselbe Weise vor wie vorhin.

4. Das Fehlerintegral $Er(x)$

7.1. Definition von $Er(x)$

Die Funktion

$$\boxed{Er(x) :\overset{\text{def}}{=} \frac{1}{\sqrt{2\pi}} \int_0^x \exp\left(-\frac{t^2}{2}\right) dt}$$

bezeichnet man als *Fehlerintegral*. Diese Funktion spielt eine große Rolle in der Wahrscheinlichkeitsrechnung. Sie tritt auch bei anderen Problemstellungen auf, zum Beispiel bei der Lösung der Wärmeleitungsgleichung.

Manche Autoren betrachten leicht modifizierte Funktionen wie zum Beispiel

$$\frac{2}{\sqrt{\pi}}\int_0^x \exp(-t^2)\,dt$$

und benutzen dafür unglücklicherweise denselben Namen $Er(x)$.

Übung 16. Man führe dieses Integral auf das Fehlerintegral zurück.

7.2. Variation von $Er(x)$

Die Funktion $Er(x)$ ist eine überall definierte, ungerade und stets wachsende Funktion. Abb. 1 zeigt das Schaubild von $Er(x)$, Abb. 2 das Schaubild von $Er'(x)$. Wir wollen einige bemerkenswerte Punkte dieser beiden Kurven betrachten.

Beginnen wir mit

$$Er'(x) := \frac{1}{\sqrt{2\pi}}\exp\left(-\frac{x^2}{2}\right).$$

Es gilt

$$\left(\exp\left(-\frac{x^2}{2}\right)\right)'' = \exp\left(\frac{-x^2}{2}\right)(x^2-1).$$

Die Wendepunkte von $Er'(x)$ haben daher die Abszissen $+1$ und -1.

Bemerkung. Das Argument $-\frac{x^2}{2}$ an Stelle von $-x^2$ wurde gewählt, damit diese Punkte eine einfache Abszisse erhalten.

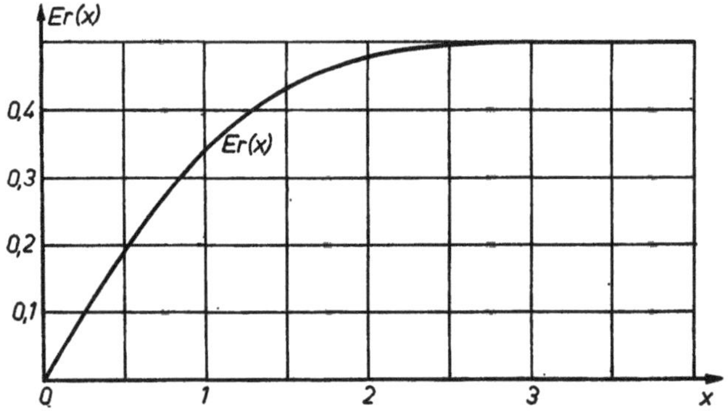

Abb. 1

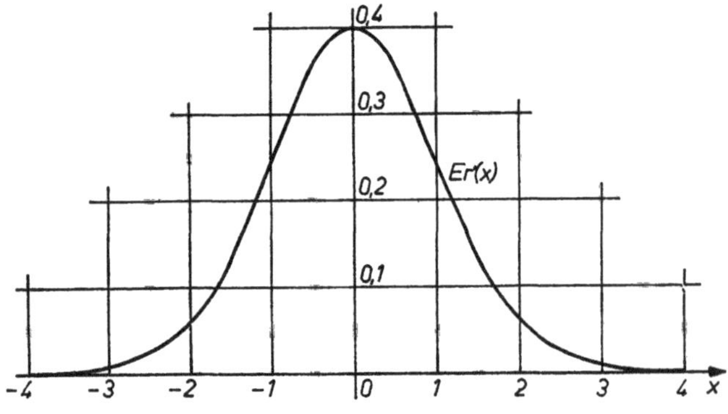

Abb. 2

Übung 17. Kann man ohne direkte Rechnung die Wendepunkte von

$$\exp\left(-\frac{x^2}{2\sigma^2}\right)$$

finden?

7.3. *Verhalten im Unendlichen*

Das Schaubild von $Er(x)$ hat den Ursprung als Symmetriezentrum. Es genügt daher, das Verhalten der Funktion für x gegen $+\infty$ zu untersuchen.

Das Integral

$$\frac{1}{\sqrt{2\pi}}\int_0^{+\infty} \exp\left(-\frac{t^2}{2}\right) dt$$

ist konvergent. Für x gegen $+\infty$ wird

$$\exp\left(-\frac{t^2}{2}\right) = \frac{1}{e^{t^2/2}}$$

majorisiert durch $\frac{2}{t^2}$ wegen $x > 0 \Rightarrow \exp x > x$. Zur Berechnung von $Er(+\infty)$, d. h. von $\frac{1}{\sqrt{2\pi}}\int_0^{+\infty} \exp\left(-\frac{t^2}{2}\right) dt$, betrachten wir das Doppelintegral

$$\frac{1}{2\pi}\int\int \exp\left(-\frac{u^2+v^2}{2}\right) du\, dv$$

genommen über den ersten Quadranten. Die Funktion, über die zu integrieren ist, ist positiv.

Wir berechnen das Integral über ein Rechteck. Man erhält

$$\frac{1}{2\pi}\int_0^x \exp\left(-\frac{u^2}{2}\right) du \int_0^y \exp\left(-\frac{v^2}{2}\right) dv = Er(x)\, Er(y).$$

Das Doppelintegral ist daher konvergent und ergibt

$$Er^2(+\infty).$$

Wir berechnen nun dasselbe Integral über einen Viertelkreis. Man findet

$$\frac{1}{2\pi}\int_0^{\pi/2} d\theta \int_0^R \exp\left(-\frac{\varrho^2}{2}\right)\varrho\, d\varrho = \frac{1}{4}\left(1 - \exp\frac{-R^2}{2}\right).$$

Dieser Ausdruck geht für R gegen unendlich gegen 1/4.

Wir vergleichen die beiden Werte für das Doppelintegral und erhalten

$$\boxed{Er(+\infty) = \frac{1}{2}}.$$

Bemerkung. Der Koeffizient $\frac{1}{\sqrt{2\pi}}$ wurde vor das Integral gestellt, damit der eben berechnete Ausdruck diesen einfachen Wert erhält.

7.4. *Der Wert einiger oft gebrauchter Integrale*

a) $$\frac{1}{\sqrt{2\pi}}\int_{-\infty}^{+\infty} \exp\left(-\frac{t^2}{2}\right) dt = 1$$

b) $$\frac{1}{\sqrt{2\pi}}\int_0^{+\infty} t \exp\left(-\frac{t^2}{2}\right) dt = \frac{1}{\sqrt{2\pi}}$$

c) $$\frac{1}{\sqrt{2\pi}}\int_{-\infty}^{+\infty} t^2 \exp\left(-\frac{t^2}{2}\right) dt = 1.$$

Übung 18. Man verifiziere die beiden letzten Integrale.

Übung 19. Man gebe an, durch welche Funktionen man die beiden unbestimmten Integrale

$$\text{a)} \int P(x^2) \exp \frac{(-x^2)}{2}\, dx, \quad \text{b)} \int x P(x^2) \exp \frac{(-x^2)}{2}\, dx$$

ausdrücken kann. $P(x)$ bezeichnet dabei ein Polynom.

7.5. Vorhandene numerische Tafeln

Man findet das links angegebene Integral:

$$\frac{1}{\sqrt{2\pi}} \int_0^x e^{-t^2/2}\, dt$$

[T10] Harvard University, Band 23: 0 (0,004) 4,89 6D oder 6S, S. 3. Die Tafel liefert ebenso die 21 ersten Ableitungen.

[T1] Boll: 0 (0,001) 2 (0,01) 6 7-10D, S. 600.

[T9] 0 (0,001) 2,5 (0,002) 3,4 (0,005) 4 (0,01) 6 7D; ebenso die ersten 21 Ableitungen mit einem normierenden Faktor multipliziert.

$$\sqrt{\frac{2}{\pi}} \int_0^x e^{-t^2/2}\, dt$$

[T6] National Bureau of Standards, Band 23: 0 (0,0001) 1 (0,001) 8,112 15D; gibt ebenfalls die mit 1/2 multiplizierte Ableitung.

[T2] Comrie: 0 (0,01) 6 6-11D Δ, Δ^2, S. 520; gibt ebenso die mit 1/2 multiplizierte Ableitung $\frac{1}{\sqrt{2\pi}} e^{-x^2/2}$ an. 0 (0,01) 5 Δ, Δ^2 6D.

$$H := \frac{2}{\sqrt{\pi}} \int_0^x e^{-t^2}\, dt$$

[T6] National Bureau of Standards, Band 41: 0 (0,0001) 1 (0,001) 6 15D; ebenso die Ableitung $\frac{2}{\sqrt{\pi}} e^{-x^2}$.

[T1] Boll: 0 (0,01) 3,84 (0,02) 4 (0,1) 4,6 (0,2) 5 7-9-11D, S. 634.

[T2] Comrie: 0 (0,1) 4 6-10D, Δ, S. 518; ebenso colog (1-H) 3 (0,1) 8 3D, Δ.

[T4] Jahnke-Emde: 0 (0,01) 3 5 bis 7D, S. 24; ebenso $\frac{H^{(n)}(x)}{2^n}$ $n := 1\,(1)\,6$, $x := 0\,(0{,}01)\,3$ 4D, S. 26.

[T4] Jahnke-Emde und Lösch: 0 (0,01) 3, 5 bis 7D, Δ, S. 31.

Übung 20. Vorgelegt sei eine Tafel, von der man nicht genau weiß, welche der drei obigen Funktionen sie angibt. (Die Bezeichnungen sind von Autor zu Autor verschieden). Wie findet man heraus, um welche Funktion es sich handelt?

8.1. Asymptotische Formel für $Er(x)$

Wir bilden

$$\frac{1}{2} - Er(x) = \frac{1}{\sqrt{2\pi}} \int_x^{+\infty} \exp\left(-\frac{t^2}{2}\right) dt.$$

Partielle Integration und Bildung von $d \exp\left(-\frac{t^2}{2}\right)$ liefert

$$\frac{1}{2} - Er(x) = \frac{1}{\sqrt{2\pi}} \exp\left(-\frac{x^2}{2}\right) \frac{1}{x} - \int_x^{+\infty} \exp\left(-\frac{t^2}{2}\right) \frac{dt}{t^2}.$$

Durch fortgesetzte partielle Integration erhält man

$$\frac{1}{2} - Er(x) = \frac{\exp\left(-\frac{x^2}{2}\right)}{\sqrt{2\pi}}\left(\frac{1}{x} - \frac{1}{x^3} + \frac{1\cdot 3}{x^5} + \cdots\right.$$

$$\left.+ \frac{(-1)^n\, 1\cdot 3 \ldots (2n-1)}{x^{2n+1}}\right) + \frac{(-1)^{n+1}}{\sqrt{2\pi}}\, 1\cdot 3 \ldots (2n+1)$$

$$\times \int_x^\infty \exp\left(-\frac{t^2}{2}\right)\frac{dt}{t^{2n+2}}.$$

Diese Formel nennt man *asymptotische Entwicklung von* $Er(x)$.

8.2. Gebrauchsanweisung für die asymptotische Entwicklung

Wir schreiben die vorangehende Entwicklung zum Beispiel für $x := 3$ an. Man findet

$$\frac{1}{2} - Er(x) = 0{,}0014773 - 0{,}0001641$$
$$+ 0{,}0000547 - 0{,}0000304 + 0{,}0000236 - 0{,}0000236$$
$$+ 0{,}0000289 - 0{,}0000417 + \ldots$$

Man erkennt, daß die Glieder vorerst abnehmen und später wieder anwachsen. Man zeigt leicht, daß dies eine allgemeine Eigenschaft ist. Es gilt nämlich

$$\left|\frac{u_{n+1}}{u_n}\right| = \frac{2n+1}{x^2}.$$

Dieser Ausdruck ist kleiner als 1 für $n < \frac{x^2-1}{2}$.

Später wird er weit größer als 1. Wenn man in die Entwicklung alle Glieder mit einbezieht, erhält man eine divergente Reihe.

Die obige Entwicklung kann man daher nicht wie eine gewöhnliche Reihenentwicklung benutzen. Jedoch kann man sie als endliche Entwicklung mit einem Zusatzterm auffassen.

Wir wollen zeigen, daß der Zusatzterm dem Betrag nach zwischen 0 und dem ersten vernachlässigten Glied liegt. Tatsächlich gilt

$$0 < \int_x^{+\infty} \frac{\exp\left(-\frac{t^2}{2}\right)}{t^{2n+2}}\,dt = \left[\frac{-\exp\left(-\frac{t^2}{2}\right)}{t^{2n+3}}\right]_x^{+\infty}$$

$$-(2n+3)\int_x^{+\infty} \frac{\exp\left(-\frac{t^2}{2}\right)dt}{t^{2n+4}} < \frac{\exp\left(-\frac{x^2}{2}\right)}{x^{2n+3}}.$$

Wenn man zum Beispiel für $x := 3$ $\frac{1}{2} - Er(x)$ durch die Summe der ersten vier Glieder 0,0013375 ersetzt, so läßt man einen Fehler zu, der zwischen 0 und 0,0000236 liegt. Hier ist es daher uninteressant, mehr Glieder zu berechnen.

Übung 21. Man berechne $Er(5)$ mit einer Genauigkeit von 10^{-8}.

Übung 22. Von welchem Wert an kann man $Er(x)$ durch die asymptotische Entwicklung mit einer Genauigkeit von 10^{-10} erhalten? Wieviel Terme muß man heranziehen?

Übung 23. Man entwickle $Er(x)$ in eine Taylor-Reihe. Für welche Werte von x ist die Entwicklung gültig?

Aufgabe 6.

a) Man zeige, daß die Funktion

$$y(x, t) = \frac{1}{\sqrt{2\pi t}} \exp\left(\frac{-x^2}{2t}\right)$$

eine Lösung der partiellen Differentialgleichung $y''_{x^2} = 2y'_t$. ist.

b) Man untersuche das Verhalten dieser Funktion für $t > 0$, $x \gtreqless 0$. Ist sie in einer Umgebung gewisser Punkte der x-Achse stetig?

c) Ist die Stammfunktion von $y(x, t)$ bezüglich x in $x := 0$ null? Gilt das Ergebnis auch für $t := 0$?

d) Man untersuche das Verhalten der gefundenen Funktion im Quadranten $x \geqq 0$, $t \geqq 0$.

e) Ist die gefundene Funktion eine Lösung der partiellen Differentialgleichung in einem inneren Punkt des Quadranten? In einem Randpunkt?

5. Die Faktorielle

Diese Funktion tritt bei physikalischen Phänomenen selten in Erscheinung. Sie ist jedoch ein oft gebrauchtes mathematisches Hilfsmittel.

9.1. Definition

Unter der ***Faktoriellen*** versteht man das uneigentliche Integral

$$\boxed{x! \stackrel{\text{def}}{=} \int_0^{+\infty} t^x \exp(-t)\, dt.}$$

Bemerkung. In der Mathematik benutzt man häufiger

$$\Gamma(x) := (x-1)!$$

Diese Bezeichnungsweise ist jedoch für die Anwendung weniger günstig.

Der obige Ausdruck ist ein uneigentliches Integral in zwei verschiedenen Weisen.

a) Die obere Grenze des Integrals ist unendlich.

b) Für $x < 0$ ist die Funktion im Ursprung nicht beschränkt.

Wir trennen die beiden Singularitäten, indem wir schreiben

$$\int_0^1 + \int_1^\infty .$$

Für festes x und äußerst große t gilt

$$t^x e^{-t} \leqq e^{-t/2},$$

$\int_1^\infty e^{-t/2}\,dt$ ist konvergent, daher auch $\int_1^\infty t^x e^{-t}\,dt$.

Für t in der Umgebung von 0 gilt

$t^x e^{-t}$ ist äquivalent t^x,

$\int_0^1 t^x e^{-t}\,dt$ ist also konvergent für $x > -1$.

Die obige Definition hat also Gültigkeit nur für

$$\boxed{x > -1.}$$

9.2. Funktionalbeziehung für die Faktorielle

$$x! = \int_0^{+\infty} t^x \exp(-t)\,dt = [-t^x \exp(-t)]_0^{+\infty} + \int_0^{+\infty} x t^{x-1} \exp(-t)\,dt.$$

Nimmt man $x > 0$ (es muß gelten $x - 1 > -1$), so verschwindet der erste Ausdruck links vom Gleichheitszeichen, und es bleibt

$$\boxed{x! = x(x-1)!}$$

Das ist die *Funktionalbeziehung für die Funktion* x!

Übung 24. Man drücke mit Hilfe von Faktoriellen aus:

$$2 \cdot 5 \cdot 8 \ldots (3n-1).$$

9.3. Oft benutzte Werte von x!

$$0! = \int_0^{+\infty} \exp(-t)\,dt = 1$$

Daraus folgt

$$1! = 1,$$

$$n! = n(n-1) \ldots 2 \cdot 1.$$

Die Funktion stimmt also für ganzzahlige Argumente mit der elementaren Definition der Faktoriellen überein.

Wir berechnen weiterhin

$$\left(\frac{-1}{2}\right)! = \int_0^{\infty} t^{-1/2} \exp(-t)\,dt.$$

Setzt man

$$u := \sqrt{2t},$$

so gilt

$$\left(-\frac{1}{2}\right)! = \sqrt{2}\int_0^\infty \exp\left(-\frac{u^2}{2}\right) du = \sqrt{\pi} \quad \text{nach Nr. 7.3.}$$

$$\boxed{\left(-\frac{1}{2}\right)! = \sqrt{\pi}.}$$

Übung 25. Man berechne $(n + 1/2)!$ für positive ganzzahlige n. Kann man diese Größe auf einen Ausdruck in Potenzen von 2, den Faktoriellen von ganzen Zahlen und $\left(-\frac{1}{2}\right)!$ zurückführen?

10.1. Erweiterung der Definition für $x < -1$ und ungleich einer ganzen Zahl

Man kann versuchen, $x!$ auch für negative x zu definieren, indem man die Funktionalbeziehung erweitert.

Für $-n > x > -n - 1$ setzen wir

$$x! \overset{\text{def}}{=} \frac{(x+n)!}{(x+n)\dots(x+1)}.$$

Man verifiziert leicht, daß für $-n-1 > x-1 > -n-2$

$$(x-1)! = \frac{(x+n)!}{(x+n)\dots x} = \frac{x!}{x}.$$

Setzt man in diesen Ausdruck für x

$$-1, -2, \dots, -n, \dots,$$

so wird sein Wert unendlich. Man sieht, daß die obige Definition offenbar auch für negative ganze Zahlen korrekt ist.

Übung 26. Man berechne $\left(-n+\frac{1}{2}\right)!$ Man drücke diese Größe mit Hilfe von Potenzen von 2, von Faktoriellen ganzer Zahlen und von $\left(-\frac{1}{2}\right)!$ aus.

10.2. Schaubild der Funktion $x!$

Abb. 3. zeigt das Schaubild von $x!$ Ohne dabei auf ein genaues Studium des Verlaufs dieser Funktion einzugehen, untersuchen wir einige Punkte.

a) Stetigkeit

Für $x \in [a, b]$, $a > -1$ ist

$$\int_0^1 t^x e^{-t}\, dt \quad \text{normal konvergent,}$$

denn es gilt

$$t^x e^{-t} \leqq t^a e^{-t}$$

und

$$\int_1^\infty t^x e^{-t}\, dt \quad \text{normal konvergent,}$$

weil gilt

$$t^x e^{-t} \leqq t^b e^{-t}.$$

Darüber hinaus ist die Funktion $t^x e^{-t}$ stetig in

$$(0, \infty) \times (-1, \infty).$$

$x!$ ist daher für $x > -1$ stetig.

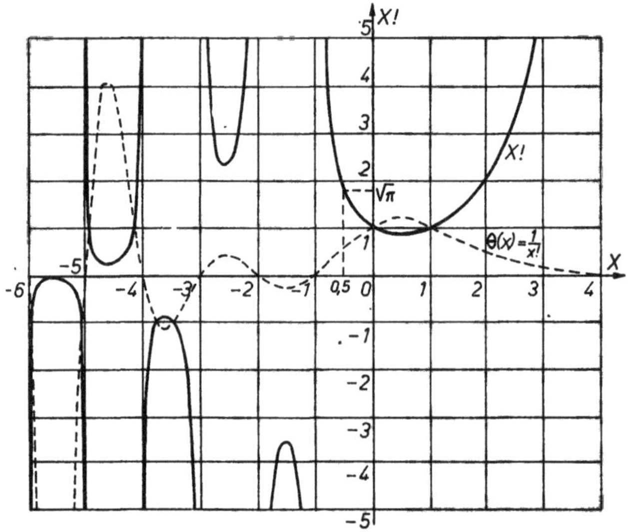

Abb. 3

Auf Grund der Erweiterung der Definition schließt man unmittelbar, daß $x!$ für alle x mit Ausnahme der negativen ganzen Zahlen stetig ist.

b) Ableitung

Man zeigt leicht, daß für $x \in [a, b]$, $a > -1$ das Integral, das zur Definition von $x!$ dient, unter dem Summenzeichen differenzierbar ist, und zwar beliebig oft.

Es folgt daraus für $x > -1$

$$(x!)' = \int_0^\infty \log t \, t^x e^{-t} \, dt$$

$$(x!)'' = \int_0^\infty (\log t)^2 \, t^x e^{-t} \, dt .$$

Offensichtlich gilt für $x > -1$

$$(x!)'' > 0.$$

Das Schaubild von $x!$ ist daher für $x > -1$ nach oben konkav. Wegen

$$0! = 1! = 1$$

hat die erste Ableitung eine Nullstelle zwischen 0 und 1. Für

$$x := -1 + \varepsilon$$

kann man schreiben

$$(-1 + \varepsilon)! = \frac{\varepsilon!}{\varepsilon}.$$

Die Funktion $x!$ strebt daher gegen $+\infty$ bei Annäherung an -1 von rechts; sie wird $-\infty$ bei Annäherung an -1 von links.

Aus der Formel für die Erweiterung der Funktionalbeziehung schließt man auf ein analoges Verhalten in einer Umgebung von

$$x := -n.$$

10.3. Tabellen für die Faktorielle

Die Funktionalbeziehung hat zur Folge, daß man Tabellen nur für die Werte von x zwischen 0 und 1 benötigt. Es gibt auch Tafeln für $\Gamma(x)$.

Das Buch von Davis enthält eine umfangreiche Bibliographie. Man kann verwenden:

$n!$	[T2] Comrie: 1 (1) 1000	7S Band II, S. 427.
	[T1] Boll: 0 (1) 100 (10) 200 (25) (300) 50 1000 (500) 4000 (1000) 10000 (10000), 100000, 1000000	5S, S. 554.

	[T5] LABORDE: 1 (1) 20	7S, S. 70.
$\frac{1}{n!}$	[T5] LABORDE: 1 (1) 20	6S, S. 70.
	[T1] BOLL: 1 (1) 50	5S, S. 561.
$\log_{10} n!$	[T8] POTIN: 1 (1) 99	8D, S. 839.
	[T2] COMRIE: 1 (1) 1000	6S, S. 427.
$x! = \int_0^\infty t^x e^{-t}\, dt$	[T3] DAVIS: Band I:	
	Tafel 1: 0 (0,0001) 0,1	10D.
	Tafel 2: 0 (0,001) 1	10D.
	Tafel 5: — 11 (0,01) 0	10S.
	[T1] BOLL: 0 (0,001) 1	7D, S. 566.
	[T2] COMRIE: 0 (0,001) 1	6D, Δ S. 514.
	[T4] JAHNKE-EMDE: 0 (0,01) 4	4-5S, S. 14.
$\frac{1}{x!}$	[T4] JAHNKE-EMDE: — 2,99 (0,01) 2,99	5S, S. 16.
	[T1] BOLL: — 3 (0,01) 3	5S, S. 575.
$\log_{10} x!$	[T7] PEARSON: 1 (0,1) 4 (0,2) 69 (1) 1 199	10D.
	[T3] DAVIS: Band I, 0 (0,01) 1	20D, S. 365.
	[T8] POTIN: 0 (0,001) 1	7D, S. 837.
$\psi(x) := \frac{\Gamma'(x)}{\Gamma(x)}$	[T3] DAVIS: Band I:	
	Tafel 11: — 10 (0,01) 1	15D.
	Tafel 8: 1 (0,001) 2	10D.
	Tafel 9: 2 (0,02) 20	12D.
	Tafel 10: 0,5 (0,05) 100	16D.
	Tafel 10: 100 (1) 450	10D.
	[T4] JAHNKE-EMDE: 1 (0,01) 2	4D, S. 16.
	idem: die zweite Ableitung,	S. 17.

[T1] BOLL: 0 (0,01) 4D, S. 573.

$\log_{10} \frac{\Gamma'(x)}{\Gamma(x)}$ [T3] DAVIS: Band I, Tafeln 7-8-11
-10 (0,01) 1 (0,0001) 1,1
(0,001) 2 10D.

$\left(\frac{d}{dn}\right)^n \log_e \Gamma(x)$ [T3] DAVIS: Band II:
$n := 2$ (1) 5,
$x := -10$ (0,1) 0 (0,01) 1 10-12D.
$x := 1$ (0,01) 4 (0,02) 20 (0,1)
100 10-79D.

[T1] BOLL: $n := 2$; $x := 0$ (0,01)1 4D, S. 573.

[T4] JAHNKE-EMDE: $n := 2$;
$x := 0$ (0,01) 1 4D, S. 16-17.

11.1. Einige Formeln, in denen Faktorielle auftreten

Wir geben hier ohne Beweis einige Formeln an, in welchen Faktorielle auftreten.

$(x!)'_{x:=0} = -C,$ C EULERsche Konstante
$C \neq 0{,}577216.$

$$\frac{(x!)'_{x:=n}}{n!} = -C + \frac{1}{1} + \frac{1}{2} + \frac{1}{n}, \quad n \text{ positive ganze Zahl.}$$

Es gelte $\theta(x) := \frac{1}{x}!$ (Das Schaubild dieser Funktion ist in Abb. 3 punktiert aufgetragen.)

$$\theta(-n) = 0$$

$$\theta'(-n) = (-1)^{n-1}(n-1)!$$

Übung 27. Man leite $(x!)'_{x:=n}$ aus $(x!)'_{x:=0}$ her.

Übung 28. Man beweise $\theta(-1) = 1$ und dann das obige Ergebnis.

11.2. Formel für das Komplement

$$x!\,(-x)! = \frac{\pi x}{\sin \pi x} \quad \text{für } x \notin \mathbf{Z}.$$

Übung 29. Man zeige, daß $f(x) := (-x)!\,(x-1)!$ der Beziehung $f(x+1) = -f(x)$ genügt.

Übung 30. Man verifiziere die Formel für das Komplement für $x := \frac{1}{2}$.

11.3. Die Wallissche Formel

$$\left(x - \frac{1}{2}\right)! = \frac{2x!\,\sqrt{\pi}}{2^{2x}\,x!}$$

Übung 31. a) Man beweise, daß aus der Gültigkeit der Wallisschen Formel für x deren Gültigkeit für $x+1$ folgt.

b) Man verifiziere die Formel für $x := 0$ und $x := \frac{1}{2}$.

11.4. Die Stirlingsche Formel

$$x! = x^x \exp(-x)\sqrt{2\pi x}\left(1 + \frac{M'}{x}\right),$$ M' eine beschränkte Zahl.

Man verwendet diese Formel gewöhnlich in der Form

$$\boxed{x! \neq x^x \exp(-x)\sqrt{2\pi x}.}$$

Diese Formel gilt im Falle äußerst großer Argumente x. Sie liefert jedoch brauchbare Ergebnisse bereits für kleine x.

Für $x := 2$ gibt die Formel 2,0006 und für $x := 5$ gibt sie 120,09. Es sei 100! zu berechnen.

$$100! \neq 100^{100}\, e^{-100} \sqrt{200\pi} \neq 10^{200-43,429+1,398} \neq 9{,}3\ 10^{157}.$$

Die STIRLINGsche Formel ist in Wirklichkeit der erste Term einer asymptotischen Entwicklung analog zu der in 8.1.

Übung 32. Man berechne C_{2n}^{n} mit Hilfe der STIRLINGschen Formel. Man vergleiche das exakte Resultat mit dem Näherungswert für $n := 4$.

Aufgabe 7.

Man betrachte die Reihe

$$E_h(x) := \sum_{n:=0}^{\infty} (-1)^n \frac{x^{h+3n}}{n!\,(2n+h)!}$$

a) Man zeige, daß die Glieder dieser Reihe für beliebige h einen Sinn haben.

b) Man vergleiche die Reihen, die man für $h := -1$ und $h := 2$ erhält.

c) Für welche Werte von x konvergiert die Reihe $E_h(x)$?

d) Unter der Annahme, die Reihe sei dreimal gliedweise differenzierbar, zeige man, daß $E_h(x)$ der Differentialgleichung

$$y''' + \frac{a}{x} y'' + \frac{b}{x^2} y' + \left(\frac{c}{x^3} + d\right) y = 0$$

genügt, deren Koeffizienten man bestimme.

e) Man beweise, daß die Reihe dreimal gliedweise differenzierbar ist.

Aufgabe 8.

a) Man betrachte die beiden Integrale

$$I_1 := \int_0^1 t^p (1-t)^p \, dt, \quad p > -1,$$

$$I_2 := \int_0^1 (1-x)^p \frac{dx}{\sqrt{x}}.$$

Man führe das eine Integral durch eine Variablentransformation $x = (2t-1)^2$ in das andere über.

b) Man betrachte das Doppelintegral

$$\iint x^q y^r e^{-x-y} \, dx \, dy, \quad q > -1, \quad r > -1$$

genommen über den ersten Quadranten.

Man zeige, daß das Integral konvergiert und berechne seinen Wert durch Integration über ein Rechteck.

c) Man führe in diesem Doppelintegral die Variablentransformation $x = ut$, $y = u(1-t)$ durch. Wie lautet das neue Integral? Über welchen Bereich ist nun zu integrieren?

d) Man zeige, daß dieses Integral als Produkt zweier einfacher Integrale geschrieben werden kann, wobei eines davon eine Faktorielle ist.

Die eben angestellte Berechnung gestattet, das zweite Integral mit Hilfe von Faktoriellen auszudrücken.

e) Man berechne mit Hilfe des Vorangehenden die Integrale I_1 und I_2 und leite daraus die WALLISsche Formel ab.

Lösungen der Übungen aus Kapitel III

1. Der Ausdruck $\dfrac{e^{-2\lambda\pi}}{2\pi(1+\lambda^2)}$ ist für alle λ stetig.

Das Integral

$$\left| \int_A^\infty \frac{e^{-\lambda x}(\cos x + \lambda \sin x)}{x^2(1+\lambda^2)}\, dx \right| \leqq \int_A^\infty \frac{dx}{x^2} = \frac{1}{A}$$

ist daher stetig.

2. Man führe dieselbe Berechnung nochmals durch. Man findet einen Ausdruck, der ein Integral im Sinne von Kapitel I darstellt.

3. Normal Konvergenz: Es existiert eine Reihe mit dem allgemeinen Glied v_n und

a) $\forall n\, \forall \lambda\ [|u_n(\lambda)| \leqq v_n]$, b) die Reihe v_n konvergiert.

Für die Stetigkeit von $\sum_1^\infty u_n(\lambda)$ genügt,

a) daß jedes Glied stetig ist;

b) daß die Reihe normal konvergiert.

4. Evident.

5. Für $a \neq 0$ im Falle von S, für alle a im Falle von T.

6. $$\int_0^\infty \frac{\sin x}{x} e^{-ax}\, dx + \operatorname{arc\,tan} a = \text{const}$$

$$\left| \int_0^\infty \frac{\sin x}{x} e^{-ax}\, dx \right| \leqq \int_0^\infty e^{-ax}\, dx = \frac{1}{a}.$$

Das Integral geht also gegen Null, wenn a unendlich wird, und die Konstante hat den Wert $\frac{\pi}{2}$.

7. a) $a \geqq a > 0$ und $a \leqq a < 0$, b) $\log \frac{a_2}{a_1}$.

8. Jedes Glied der Reihe, jede Partialsumme und die Summe der Reihe sind beschränkt und können als integrierbar vorausgesetzt werden. Man darf daher annehmen, daß die Ausdrücke

$$\int \sum_1^n = \sum_1^n \int, \quad \int \sum_1^\infty \text{ und } \sum_1^\infty \int$$

existieren.

Die Bedingung (1) von 4.2 ist schließlich auf Grund der normalen Konvergenz erfüllt.

Die Bedingungen

a) einfaches Integral;

b) normale Konvergenz

genügen daher für die Praxis.

9. Für alle a gültig.

10. Die erste Summe hat den Wert 1, die zweite den Wert 0.

11. Die Voraussetzungen von Kapitel I, 17.2 sind erfüllt.

12. $I(0)$ existiert. Für $\lambda \leqq a$ liegt normale Konvergenz vor. $t^{\lambda} e^{-t}$ ist stetig in $[1, \infty) \times [a, \infty)$.

13. $I(0)$ existiert, jedes Glied ist stetig differenzierbar, die abgeleitete Reihe konvergiert normal in $[0, 2\pi]$.

14. Siehe Übung 7.

15. Für jedes a. Die abgeleitete Reihe konvergiert normal für $a \leqq A$.

16. $2\,Er(x\sqrt{2})$.

17. Ein Maßstabswechsel auf der x-Achse erhält die Kurve und ihre Wendepunkte, daraus folgt $x: = \pm\sigma$.

18. b) lautet

$$\frac{1}{\sqrt{2\pi}} \int_0^\infty d(-e^{-t^2}/2)$$

c) integriert man durch partielle Integration nach $d\left(e \frac{-t^2}{2}\right)$.

19. a) $Er(x)$ und $I(x)\,e^{-x^2}/2$.
$I(x)$ ist ein Polynom, das nur ungerade Potenzen aufweist.

b) $Q(x^2)\,e^{-x^2}/2$, $Q(t)$ Polynom.

20. Man nehme $\left(\frac{\Delta f}{\Delta x}\right)_{x:=0} \neq f'(0)$. Für die erste Funktion findet man $\frac{1}{\sqrt{2\pi}} \neq 0{,}4$, für die zweite $\sqrt{\frac{2}{\pi}} \neq 0{,}8$, für die dritte $\frac{2}{\sqrt{\pi}} \neq 1{,}12$.

Wenn x gegen unendlich geht, so strebt die erste Funktion gegen $\frac{1}{2}$, die beiden anderen gegen 1.

21. Man nehme 3 Glieder. Man findet 0,49999413.

22. Das kleinste Glied entspricht $x^2 = 2n + 1$. Durch Probieren findet man $n = 11$ oder $n = 12$; $x = 4{,}6$.

23. $$Er(x) = \frac{1}{\sqrt{2\pi}}\left(\frac{x}{1} - \frac{x^3}{2\cdot 3} + \cdots + \frac{(-1)^n x^{2n+1}}{2\cdot 4\cdot 6 \cdots 2n\cdot(2n+1)} + \cdots\right)$$

Die Entwicklung ist für alle x gültig (normale Konvergenz für $|x| \leqq A$).

24. $$\frac{3^n \left(n - \frac{1}{3}\right)!}{\left(- \frac{1}{3}\right)!}$$

25. $$\sqrt{\pi}\, \frac{1 \cdot 3 \cdots (2n+1)}{2^{n+1}} = \frac{\sqrt{\pi}\, (2n+1)!}{2^{2n+1} n!}$$

26. $$\sqrt{\pi}\, \frac{(-1)^{n-1}\, 2^{n-1}}{1 \cdot 3 \cdots (2n-3)} = \frac{\sqrt{\pi}\, (-4)^{n-1} (n-1)!}{2n - 2!}$$

27. Durch Rekursion über n. Man leite $x! = x(x-1)!$ ab und setze $x := n$.

28. $\theta(x) = (x+1)\ \theta(x+1)$. Man bilde die Ableitung und setze $x := -1, -2, \ldots, -n, \ldots$

29. Man wende die Funktionalbeziehung für die Faktorielle an.

30. Die zwei Glieder besitzen den Wert $\frac{\pi}{2}$.

31. a) Wenn man von x auf $x + 1$ übergeht, so wird jedes Glied mit $x + \frac{1}{2}$ multipliziert.

b) Die beiden Glieder haben den Wert $\sqrt{\pi}$ für $x := 0$, 1 für $x := \frac{1}{2}$.

32. $C_{2n}^n \neq \frac{4}{\sqrt{\pi n}}$, $C_8^4 = 70$.

Der Näherungswert ist $\frac{128}{\sqrt{\pi}} \neq 72$.

Lösungen der Aufgaben aus Kapitel III

Aufgabe 1.

a) Man führe den Ausdruck auf eine geometrische Reihe in $e^{i\theta}$ zurück. Auch ein Beweis durch Induktion ist möglich.

b) Evident, da das zweite Glied gegen

$$S_1(\theta) := \frac{1 - a^2}{2(1 - 2a\cos\theta + a^2)}$$

strebt. Für $|a| \geqq 1$ bilden die allgemeinen Glieder keine Nullfolge, die Reihe kann daher nicht konvergieren. Für $a := \cos\theta$ hat die Summe den Wert $1/2$, außer es ist $\cos\theta = 1$ oder $\cos\theta = -1$. Für diese Werte divergiert die Reihe.

c) Die Ableitung des Ausdrucks heißt

$$\left(\frac{1 - a^2}{2(1 - 2a\cos\theta + a^2)}\right)'$$

$$+ 2a^{n+1}\left(\frac{-\cos(n+1)\theta + a\cos n\theta}{2(1 - 2a\cos\theta + a^2)}\right)' = S_1'(\theta) + a^{n+1}f_2'(\theta).$$

Man erkennt, daß für $|a| < 1$ das zweite Glied auf der rechten Seite gegen Null geht, wenn n unendlich wird. Für $|a| \geqq 1$ geht v_n nicht gegen Null. Die neue Summe ist also

$$S_2(\theta) := S_1'(\theta).$$

d) Wir beschränken uns auf den Fall $|a| < 1$ oder sogar $|a| \leqq \alpha < 1$. Die Reihe mit dem allgemeinen Glied u_n konvergiert für $\theta = 0$. Die Glieder der abgeleiteten Reihe sind stetig. Sie konvergiert normal, denn es gilt $|na^n \sin n\theta| \leqq na^n$.

Aufgabe 2.

a) $a_n := \dfrac{2n}{4n^2 - 1}$ geht mit $n \to \infty$ gegen Null.

b) $S_n = -T_0 a_1 + T_1(a_1 - a_2) + \cdots + T_{n-1}(a_{n-1} - a_n) + T_n a_n$

c) $$0 < a_n - a_{n+1} < \frac{A}{n^2}$$

Für $x \neq (2k+1)\frac{\pi}{2}$, $|T_n| \leq B$ konvergiert die Reihe also.

d) Für $x \neq (2k+1)\frac{\pi}{2}$: $\lim\limits_{n\to\infty} a_n T_n = 0$.

Die abgeleitete, wie die transformierte Reihe haben also dieselbe Summe. Die zweite Reihe ist normal konvergent in $\left[k\pi - \frac{\pi}{2} + \varepsilon,\ k\pi + \frac{\pi}{2} - \varepsilon\right]$, ihre Summe ist daher stetig.

e) Die Reihe ist divergent.

f) α) $$u_p = \frac{(-1)^p\, 2p}{4p^2-1} \cos\left(p\pi - \frac{2ap}{2n+1}\right) = \frac{2p}{4p^2-1}\cos\left(\frac{2ap}{2n+1}\right)$$

für $p \leqq n$: $$u_p \geqq \frac{2p}{4p^2-1}\cos a$$

$$S_n > \cos a \sum_1^n \frac{2k}{4k^2-1}$$

β) $$|T_i| \leqq \frac{1}{|\cos x|} \neq \frac{2n+1}{a}$$

$$\gamma)\quad S_q - S_n = -T_n a_{n+1} + T_{n+1}(a_{n+1} - a_{n+2}) + \dots$$

$$+ T_{q-1}(a_{q-1} - a_q) + T_q a_q$$

$$|S_q - S_n| \leqq \frac{2n+1}{a}(a_{n+1} + a_{n+1} - a_{n+2} + \cdots$$

$$+ a_{q-1} - a_q + a_q)$$

$$|S_q - S_n| \leqq \frac{2n+1}{a} 2a_{n+1} \leqq \frac{1}{a}$$

δ) Offensichtlich gilt

$$S_q \geqq S_n - |S_q - S_n| \geqq -\frac{1}{a} + \cos a \sum_1^n \frac{2k}{4k^2 - 1}.$$

Somit ist $\quad S(x) \geqq -\dfrac{1}{a} + \cos a \sum_1^n \dfrac{2k}{4k^2 - 1}.$

Für x gegen Null wächst n unbeschränkt an und damit auch das zweite Glied rechts, denn die entsprechende Reihe ist divergent.

Aufgabe 3.

a) Ist gleichbedeutend mit der Semikonvergenz von

$$v_n := \log(1 + u_n).$$

Konvergenz würde heißen, daß für jede Folge von endlichen Produkten derselbe Grenzwert existiert, unabhängig von der Wahl der Indexmengen

$$I_1 \subseteq I_2 \subseteq \dots \subseteq I_n \subseteq \dots,$$

wenn jeder Index in mindestens einer dieser Mengen vorkommt.

b)
$$\log\left(1 - \frac{x^2}{n^2}\right) \sim -\frac{x^2}{n^2}$$

ist eine für beliebige x konvergente Reihe.

c) Wir setzen

$$S_n(x) := x\,\frac{(1-x)}{1}\,\frac{(1+x)}{1}\cdots\left(\frac{n-x}{n}\right)\left(\frac{n+x}{n}\right)$$

$$\lim_{n\to\infty} S_n(x) = S(x)$$

$$S_n(x+1) = -S_n(x)\left(\frac{n+1+x}{n-x}\right)$$

Für $n \to \infty$ gilt $S(x+1) = -S(x)$.

d) Die Reihe $\log\left(1 - \frac{x^2}{n^2}\right)$ ist in $[-A, A]$ normal konvergent, ihre Summe eine stetige Funktion von x.

Die Reihe mit dem allgemeinen Glied

$$\frac{-2x}{n^2 - x^2}$$

hat stetige Glieder und konvergiert normal für $x \in [k + \varepsilon, k + 1 - \varepsilon]$, wobei k eine ganze Zahl bedeutet.

$$T(x) = \frac{S'(x)}{S(x)},$$

da man $T(x)$ gliedweise integrieren darf.

B e m e r k u n g. Mit Hilfe weiterer Überlegungen läßt sich zeigen, daß

$$S(x) = \frac{\sin \pi x}{\pi}.$$

Aufgabe 4.

a) Das allgemeine Glied wird durch $\frac{A}{n^2}$ majorisiert. Daraus folgt die normale Konvergenz. Da jedes Glied stetig ist, ist $S(x)$ stetig. Für $x < 0$ bilden die Glieder keine Nullfolge.

b) $$T(x) = \sum_1^\infty - \frac{e^{-(2n+1)x}}{2n-1}$$

konvergiert normal. Die Glieder sind stetig. Daraus folgt die gliedweise Differenzierbarkeit für $x > 0$.

c) $$U(x) = \sum_1^\infty e^{-(2n-1)x}.$$

Ebenso.

d) $$U(x) = \frac{1}{2 \sinh x}$$

e) Die Stammfunktion von $U(x)$ heißt

$$\frac{1}{2} \log \frac{e^x - 1}{e^x + 1} + K$$

$$T(x) = \frac{1}{2} e^{-2x} \log \frac{e^x - 1}{e^x + 1} + K e^{-2x}$$

Für $x \to +\infty$ gilt $T(x) \sim -e^{-3x}$ und $K = 0$.

$$S(x) = \frac{1}{2} + \left(\frac{e^x - e^{-x}}{4}\right) \log \left(\frac{e^x - 1}{e^x + 1}\right) + K' e^x.$$

Für $x \to +\infty$ gilt $S(x) \sim \frac{e^{-2x}}{3}$ und $K' = 0$.

f) Der oben gefundene Ausdruck gilt für $x > 0$, aber beide Terme sind für $x = 0$ stetig. Der Ausdruck gilt also auch für $x = 0$, $S(0) = \frac{1}{2}$.

g) Die Summe der n ersten Terme ist

$$1 - \frac{1}{2n+1}.$$

Für $x = 0$ reduziert sich die Reihe $S(x)$ zu

$$\frac{1}{1\cdot 3} + \frac{1}{3\cdot 5} + \frac{1}{5\cdot 7} + \cdots$$

oder mit anderer Schreibweise zu

$$\frac{1}{2}\left(\left(1 - \frac{1}{3}\right) + \left(\frac{1}{3} - \frac{1}{5}\right) + \left(\frac{1}{5} - \frac{1}{7}\right) + \cdots\right).$$

Die Summe dieser Reihe ist $\frac{1}{2}$.

Aufgabe 5.

a) $$n(n-1)\,a_n + a_{n-1} = 0.$$

Man nehme $a_1 := 1$. Damit folgt

$$a_n = \frac{(-1)^{n-1}}{n!\,(n-1)!}$$

b) Bildet man

$$\left|\frac{u_{n+1}}{u_n}\right| = \frac{|x|}{(n+1)\,n},$$

so erkennt man deren Konvergenz für beliebige x.

Die Reihen der ersten und zweiten Ableitung haben die allgemeinen Glieder

$$\frac{(-1)^{n-1}x^{n-1}}{(n-1)!\,(n-1)!}, \qquad \frac{(-1)^{n-1}x^{n-2}}{(n-1)!\,(n-2)!}$$

Diese Reihen konvergieren normal in jedem endlichen Intervall und besitzen stetige Glieder, daraus folgt die Behauptung.

c) Setzt man $S := 1 + x + \cdots + b_n x^n + \ldots$, so findet man die Bedingung

$$xS'' + S = \frac{-y_1}{x} + 2y_1'.$$

Für den Term in x^{n-1} muß gelten

$$n(n-1)\, b_n + b_{n-1} = \frac{(-1)^{n-1}\,(2n-1)}{n!\,(n-1)!}$$

mit $b_0 = 1,\ b_1 = 1$.

Daraus folgt

$$b_n = \frac{(-1)^{n-1}}{n!\,(n-1)!}\left(\frac{2}{1} + \frac{2}{2} + \cdots + \frac{2}{n-1} + \frac{1}{n}\right)$$

(Die Begründung ist dieselbe wie in b)). Im Lauf des Beweises benützt man die Ungleichung

$$\frac{2}{1} + \frac{2}{2} \cdots + \frac{1}{n} \leqq 2(n+2).$$

Aufgabe 6.

a) Man führe die Rechnung durch, um die Behauptung zu verifizieren.

b) Die Funktion nimmt mit wachsendem x ab. Sie nimmt mit t zunächst zu und dann ebenfalls ab. In der Umgebung jedes Punktes der x-Achse, der vom Ursprung verschieden ist, geht die Funktion gegen Null. In der Umgebung des Ursprungs ist sie nicht beschränkt (geht jedoch nicht gegen unendlich).

c) $z := Er\left(\dfrac{x}{\sqrt{t}}\right)$.

Das Resultat gilt nicht für $t := 0$.

d) Für $x := 0$ und $t \neq 0$ ist der Funktionswert 0.

Für $t := 0$ und $x \neq 0$ ist der Funktionswert $\dfrac{1}{2}$.

Die Funktion ist im Ursprung stetig.

e) $$z_x''^2 = \frac{-x}{t\sqrt{2\pi t}} e^{\frac{-x^2}{2t}} = 2z_t'$$

Die Formel gilt für $x := 0$, $t \neq 0$ und für $x := t := 0$ trotz der Unstetigkeit. Nach der asymptotischen Entwicklung gilt

$$\frac{\frac{1}{2} - Er\left(\frac{x}{\sqrt{t}}\right)}{t} \sim \frac{1}{\sqrt{2\pi}} \exp\left(\frac{-x^2}{2t}\right) \frac{\sqrt{t}}{xt},$$

und dieser Ausdruck geht mit t gegen 0. Die Formel gilt daher für

$$t := 0, \quad x \neq 0.$$

Aufgabe 7.

a) Die Faktorielle ist für eine negative ganze Zahl unendlich. Man kann jedoch ihren inversen Wert benutzen (indem man diesen als Null auffaßt).

b) $n := 1 + p$, $E_{-1}(x) = \sum_0^\infty \frac{(-1)^{p+1}\, x^{3p+2}}{(p+1)!\,(2p+1)!}$

aber $$(p+1)!\,(2p+1)! = \frac{1}{2}\, p!\,(2p+2)!$$

$$E_{-1}(x) = -2E_2(x)$$

c) $$\left|\frac{u_{n+1}}{u_n}\right| = \frac{x^3}{(n+1)(2n+h+1)(2n+h+2)}$$

Diese Reihe konvergiert für alle x.

d) Durch Gleichsetzen erhält man

$$a = \frac{6}{4}, b = \frac{-3h^2 + 3h - 2}{4}, c = \frac{h^2(3-h)}{4}, d = \frac{27}{4}$$

(Man erleichtert die Rechnung, wenn man der Reihe nach nimmt: n unendlich, $3n+h=0$, $3n+h=1$, $3n+h=2$.)

e) Die Reihe der Ableitungen konvergiert normal für $|x| \leqq M$.

Aufgabe 8.

a) Die angezeigte Variablentransformation kann nicht direkt durchgeführt werden, da $x \leftarrow\!\mid t$ keine Bijektion ist. Man setze daher

$$I_1 = 2 \int_0^{1/2} t^p (1-t)^p \, dt$$ (evident auf Grund der Symmetrie).

Damit erhält man

$$I_2 = -2 \int_{1/2}^{0} 4^p t^p (1-t)^p \, dt$$

und somit $I_2 = 4^p I_1$.

b) Man verwende das Quadrat $x \in [\varepsilon, a]$, $y \in [\varepsilon, a]$. Man findet

$$\int_\varepsilon^a x^q e^{-x} \, dx \times \int_\varepsilon^a y^r e^{-y} \, dy .$$

Dieser Ausdruck geht gegen $q!\, r!$

c) $$\iint t^q (1-t)^r u^{q+r+1} e^{-u} \, dt \, du .$$

Das Integral ist über den Halbstreifen $0 < t < 1$, $u > 0$ zu nehmen.

d) $$\int_0^1 t^q (1-t)^r \, dt \int_0^\infty u^{q+r+1} e^{-u} \, du =$$

$$(q+r+1)! \int_0^1 t^q (1-t)^r \, dt$$

e) $$\int_0^1 t^q (1-t)^r \, dt = \frac{q!\, r!}{q+r+1!}, \quad q > -1, \quad r > -1.$$

Daraus folgt

$$I_1 = \frac{p!p!}{(2p+1)!}, \qquad I_2 = \frac{\left(\frac{1}{2}\right)!\,p!}{\left(p+\frac{1}{2}\right)!}$$

und daher

$$\left(p+\frac{1}{2}\right)! = \frac{(2p+1)!\left(\frac{1}{2}\right)!}{4^p p!},$$

wofür man auch schreiben darf

$$\left(p-\frac{1}{2}\right)! = \frac{2p!\left(-\frac{1}{2}\right)!}{4^p p!}$$

Literatur

In dieser Bibliographie haben wir vor allem Werke erwähnt, von denen wir glauben, daß ihr Niveau dem vorliegenden Buch entspricht, oder in denen auf manche Einzelheiten näher eingegangen wird, ohne daß die Ausrichtung auf die Anwendung verloren geht.

Man beachte, daß bei mehrbändigen Werken alle Bände zitiert wurden, wenn in unserem Zusammenhang auch nur der Inhalt einzelner Bände von Interesse ist.

Die Autoren bewahren sich eine gewisse Freiheit. Man wundere sich nicht, wenn Darstellung und Gegenstände der Darstellung des öfteren wesentlich verschieden sind. Der Studierende, an den wir uns wenden, soll sich daran nicht stoßen. Er wird aus dieser Vielfalt eher einen Nutzen ziehen.

ANGOT, Compléments de mathématiques à l'usage des ingénieurs de télécommunications. Editions de la Revue d'Optique, Paris 1957.

BASS, Cours de mathématiques. Masson, Paris 1961.

BASS, Exercices de mathématiques. Masson, Paris 1965.

BOUIX, Techniques mathématiques de la physique. Hermant, Paris s. d.

CARRIER, KROOK and PEARSON, Functions of a complexe variable; theory and technic. McGraw Hill, New York 1966.

CHURCHILL, Introduction to complex variables and applications. McGraw Hill, New York 1948.

COURANT, Differential and integral calculus. I, II. Blackie and Son, 1934–36.

CUNNINGHAM, Complexe variable methods in science and technology. Van Nostrand, London 1964.

DELTHEIL, Techniques mathématiques de la physique. I, II. Baillère, Paris 1965.

DUMAS DE RAULY, Problèmes de mathématiques. Gauthier-Villars, Paris 1963.

KORN and KORN, Mathematical handbook for scientists and engineers. McGraw Hill, New York 1961.

PARODI, Mathématiques appliqués à l'art de l'ingénieur. I, II, III, IV, V. Sedes, Paris 1965.

PIPES, Applied mathematics for engineers and physicists. Mc Graw Hill, New York 1958.

SCHELKUNOFF, Applied mathematics for engineers and scientists. Van Nostrand, London 1948.

SOKOLNIKOFF and REDHEFFER, Mathematics of physics and modern engineering. McGraw Hill, New York 1958.

WHITTAKER and WATSON, A course of modern analysis. Cambridge University Press, London 1952.

WYLIE, Advanced engineering mathematics. McGraw Hill, New York 1960.

Numerische Tafeln

[T 1] Boll, Tables numériques universelles. Dunod, Paris 1947.

[T 2] Comrie, Chambers six-figure mathematical tables. Chambers, Edinburgh and London 1949.

[T 3] Davis, Tables of the higher mathematical functions. Tom I—II. Principia Press Bloomington, Indiana 1933.

[T 4] Jahnke, Emde und Lösch, Tables of higher functions. Teubner, Stuttgart 1960.
(Die frühere deutsche Ausgabe ist nur von Jahnke und Emde und trägt den Titel: „Funktionstafeln mit Formeln und Kurven.")

[T 5] Laborde, Tables numériques de fonctions élémentaires. Dunod, Paris 1961.

[T 6] National Bureau of Standards. Applied Mathematics Series. U. S. Government Printing Office, Washington.
No 23. Tables of the normal probability functions, 1953.
No 41. Tables of probability functions, 1941.

[T 7] Pearson, Table of the logarithms of the complete Γ function. Tracts for Computers n° 8. Cambridge University Press, London 1922.

[T 8] Potin, Formules et tables numériques. Gauthier-Villars, Paris 1925.

[T 9] Smirnov, Tables of the normal probability integral, the normal density and its normalized derivatives. Pergamon Press, London 1965.

[T 10] The Annals of the Computation Laboratory of Harvard University. Harvard University Press, Cambridge, U. S. A. No 23. Tables of the error function and of its first twenty derivatives, 1952.

Ein Hinweis wie

$$\log_{10} \frac{\Gamma'(x)}{\Gamma(x)} \text{ [T 3] DAVIS } -10\ (0{,}01)\ 1\ (0{,}0001)\ 1{,}1\ (0{,}001)\ 2\ 10\ \text{D}$$

bedeutet, daß in dem Werk von DAVIS, dessen genaues Zitat in [T 3] gegeben wurde, die Funktion $\log_{10} \frac{\Gamma'(x)}{\Gamma(x)}$ mit zehn Dezimalen angegeben wird, wobei die Variable mit einer Schrittweite von 0, 01 zwischen $x := -10$ und $x := 1$, mit einer Schrittweite 0,0001 zwischen $x := 1$ und $x := 1{,}1$ und mit einer Schrittweite 0,001 zwischen $x := 1{,}1$ und $x := 2$ variiert.

Sachverzeichnis